Zerstörungsfreie Untersuchung an altem Mauerwerk

Gabriele Patitz

Zerstörungsfreie Untersuchung an altem Mauerwerk

Radar, Ultraschall und Seismik in der Baupraxis

1. Auflage 2010

Herausgeber:
DIN Deutsches Institut für Normung e.V.

Beuth Verlag GmbH · Berlin · Wien · Zürich

Herausgeber: DIN Deutsches Institut für Normung e. V.

© 2010 Beuth Verlag GmbH
Berlin · Wien · Zürich
Burggrafenstraße 6
10787 Berlin

Telefon: +49 30 2601-0
Telefax: +49 30 2601-1260
Internet: www.beuth.de
E-Mail: info@beuth.de

Das Werk einschließlich aller seiner Teile ist urheberrechtlich geschützt. Jede Verwertung außerhalb der Grenzen des Urheberrechts ist ohne schriftliche Zustimmung des Verlages unzulässig und strafbar. Das gilt insbesondere für Vervielfältigungen, Übersetzungen, Mikroverfilmungen und die Einspeicherung in elektronischen Systemen.

© für DIN-Normen DIN Deutsches Institut für Normung e. V., Berlin

Die im Werk enthaltenen Inhalte wurden vom Verfasser und Verlag sorgfältig erarbeitet und geprüft. Eine Gewährleistung für die Richtigkeit des Inhalts wird gleichwohl nicht übernommen. Der Verlag haftet nur für Schäden, die auf Vorsatz oder grobe Fahrlässigkeit seitens des Verlages zurückzuführen sind. Im Übrigen ist die Haftung ausgeschlossen.

Titelbild: Patitz: Kloster Zarrentin
Satz: B & B Fachübersetzergesellschaft mbH, Berlin
Druck: Mercedes-Druck, Berlin
Gedruckt auf säurefreiem, alterungsbeständigem Papier nach DIN ISO 9706

ISBN 978-3-410-17032-7

Vorwort

Bis vor etwa einem Jahrzehnt war die Anwendung zerstörungsfreier indirekter Untersuchungsverfahren wie Georadar und Mikroseismik im Bauwesen nahezu unbekannt. Dank Forschungsarbeiten im Sonderforschungsbereich 315 „Erhalten historisch bedeutsamer Bauwerke" an der Universität (TH) Karlsruhe und dem daran anschließenden Einsatz in der Praxis können mit diesen Verfahren inzwischen viele Fragen zerstörungsfreier und Substanz schonender Untersuchungen beantwortet werden. Es fand an vielen unterschiedlichen Bauwerken ein Lern-, Weiterentwicklungs- und Erfahrungsprozess statt. Dies führte dazu, dass diese Erkundungsverfahren heute zum Stand der Technik zählen.

Das vorliegende Buch gibt einen Überblick zu historischem Mauerwerk, häufig auftretenden Fragestellungen an alten Mauerwerkskonstruktionen und deren schadensfreier Erkundung. Zahlreiche Praxisbeispiele zeigen die Anwendungsmöglichkeiten von Radar, Ultraschall und Mikroseismik. Fragen nach dem Wandaufbau, nach Hohlräumen, nach metallischen Einbauteilen, nach dem Verwitterungszustand, nach Rissen und vielem anderen können heute damit umfassend und ohne Zerstörung des Materials oder der Konstruktion beantwortet werden.

Die hier vorgestellten Projekte entstanden in interdisziplinärer Zusammenarbeit von den Geophysikern der GGU Gesellschaft für Geophysikalische Untersuchungen mbH Karlsruhe und mir als Bauingenieurin. Den zahlreichen Auftraggebern, die uns großes Vertrauen bei der Anwendung der zunächst noch recht unbekannten Technik entgegengebracht haben, möchte ich dafür ganz herzlich danken.

Das Buch wird Praktikern helfen, Radar, Ultraschall und Mikroseismik zur erfolgreichen Bauwerksdiagnostik einzusetzen.

Stuttgart, im Oktober 2009   Gabriele Patitz

Autorenporträt

Gabriele Patitz studierte nach einer einjährigen Baustellentätigkeit an der TH Leipzig Bauingenieurwesen. Sie begann Anfang der neunziger Jahre eine Forschungs- und Lehrtätigkeit in Zusammenarbeit mit dem Sonderforschungsbereich 315 „Erhalten historisch bedeutsamer Bauwerke" am Institut für Tragkonstruktionen der Universität Karlsruhe (TH), Prof. Dr. Dr. E. h. Fritz Wenzel. Ihr Themenschwerpunkt lag dabei auf der Entwicklung und Erprobung mikroseismischer Untersuchungsverfahren an mehrschaligem alten Mauerwerk zur Beurteilung der Festigkeiten im Mauerinnern. Diese Tätigkeiten schloss sie 1998 mit einer Promotion erfolgreich ab.

1998 gründete sie in Karlsruhe das Ingenieurbüro IGP für Bauwerksdiagnostik und Schadensgutachten. Zu den Schwerpunkten gehört die Anwendung zerstörungsfreier indirekter Verfahren aus der Geophysik in der Baupraxis. Ihre Projekte stellt sie in zahlreichen Fachvorträgen und Veröffentlichungen der Fachwelt vor.

Im Jahr 2004 gründete sie gemeinsam mit Kollegen den gemeinnützigen Verein „Erhalten historischer Bauwerke", dessen Vorsitzende sie ist.

Seit 2004 ist sie gemeinsam mit Frau Dr. Grassegger von der MPA Stuttgart Veranstalterin der jährlichen Fachtagung Natursteinsanierung mit Unterstützung des Landesamtes für Denkmalpflege Esslingen im RP Stuttgart.

www.gabrielepatitz.de

Inhalt

Seite

1 Einführung 5
1.1 Bestands- und Zustandserkundungen an historischen Bauwerken 6
1.2 Historisches Mauerwerk 9
1.2.1 Struktur- und Zustandsformen 9
1.2.2 Einschalige Mauerwerke aus Ziegel- und Naturstein 13
1.2.3 Mehrschaliges Mauerwerk 18
1.2.4 Zwischenschichten mehrschaligen Mauerwerks 21
1.2.5 Historische Mörtel 23
1.2.6 Historische Verbindungsmittel 25

2 Moderne zerstörungsarme Erkundungsverfahren 29
2.1 Einsatzmöglichkeiten von Radar 31
2.2 Einsatzmöglichkeiten von Ultraschall und Mikroseismik. 32
2.3 Zerstörungsarme indirekte Untersuchungsmethode 32
2.4 Herangehensweise bei der Beurteilung alter Bausubstanz 33
2.5 Herangehensweise beim Einsatz zerstörungsfreier Untersuchungsverfahren 35
2.6 Kalibrierung und Bewertung der Messdaten 39
2.7 Anforderungen an Ausführende 41

3 Verfahrensbeschreibungen 43
3.1 Das Radarverfahren 43
3.1.1 Reflexionsanordnung 46
3.1.2 Transmissionsanordnung 47
3.1.3 Anwendung an Bauwerken 48
3.1.4 Radargeräte 49
3.1.5 Reichweite und Auflösung 50
3.1.6 Bedingungen für den Einsatz des Radarverfahrens 51
3.2 Ultraschall und Mikroseismik 53
3.2.1 Messanordnungen zur Bestimmung der Wellengeschwindigkeit 55
3.2.2 Messanordnungen zur Beurteilung von Bauteilquerschnitten 57
3.2.3 Messanordnungen zur Tiefenabschätzung einzelner Risse 58

Seite

3.2.4 Durchschallung in Kombination mit einem Bohrloch 59
3.2.5 Tomografie 61
3.2.6 Auswertung und Bewertung der Untersuchungsergebnisse 62
3.2.7 Bedingungen für den Einsatz von Ultraschall
 und Mikroseismik 67

**4 Praktische Beispiele für die Anwendung des
 Radarverfahrens** 71
4.1 Untersuchungen zum Mauerwerksaufbau 71
4.2 Bestimmung von Feuchte- und Salzverteilung 79
4.3 Beurteilung von Gewölberippen 88
4.4 Untersuchungen zum Gewölbeaufbau 92
4.5 Ortung von Steinklammern 97
4.6 Suche nach Steinklammern und Steindickenbestimmung 99
4.7 Suche von Verbindungsmitteln 105
4.8 Untersuchungen zum Bodenaufbau 111

**5 Praktische Beispiele für die Anwendung
 von Ultraschall und Mikroseismik** 115
5.1 Zustandsbeurteilung von Brückenpfeilern 115
5.2 Beurteilungen von Homogenität und Rissen
 an Kalksteinsäulen 125
5.3 Beurteilungen der Materialqualität an Gewölberippen .. 135
5.4 Untersuchungen zur Verwitterung von
 Sandsteinzierelementen 139

6 Literatur 145

7 Stichwortverzeichnis 151

8 Verzeichnis der Auftraggeber 153

Bildnachweis 155

Inserentenverzeichnis 156

Einführung 1

Nicht nur Baudenkmale als Geschichtszeugnis erfordern einen durchdachten und behutsamen Umgang mit der vorhandenen Substanz. Sondern es ist prinzipiell so, je genauer und vollständiger die Bausubstanz und ihr Zustand erfasst werden, desto effizienter und kostengünstiger können Erhaltungs- und Sanierungsmaßnahmen geplant und ausgeführt werden. Veränderungen und Eingriffe können auf das wirklich Notwendige beschränkt werden. Das Erscheinungsbild eines alten Bauwerkes kann erhalten bleiben.

Insbesondere bei denkmalgeschützten Objekten kommt der Zustandserfassung und -beurteilung im Rahmen von Voruntersuchungen eine große Bedeutung zu. Auf dieser Basis können behutsame Erhaltungsmaßnahmen geplant und ausgeführt werden. Dafür stehen eine Vielzahl unterschiedlicher Techniken und Methoden zur Verfügung. Dazu zählen neben dem Aktenstudium Bauaufnahmen, visuelle Begutachtungen, Bauteilöffnungen, die Entnahme von Materialproben, der Einsatz moderner indirekter Erkundungsverfahren wie Radar und Mikroseismik und vieles mehr.

Es hat sich in der Praxis gut bewährt, dass zerstörungsfreie und zerstörende Verfahren kombiniert eingesetzt werden. Für den erfolgreichen Einsatz der Untersuchungsverfahren ist deren sachkundige Auswahl und Anwendung notwendig. Es ist dabei die anzutreffende Situation am Bauwerk mit den Leistungsmerkmalen der Untersuchungsmethoden realistisch abzuklären.

Das vorliegende Buch gibt einen Überblick über historisches Mauerwerk und die in der Praxis am häufigsten eingesetzten indirekten zerstörungsfreien Untersuchungsverfahren Radar, Ultraschall und Mikroseismik. Der Schwerpunkt liegt auf der Darstellung von Anwendungsmöglichkeiten dieser Techniken an Beispielen aus der Praxis. Die hier vorgestellten Untersuchungen erfolgten in Zusammenarbeit mit der GGU Gesellschaft für Geophysikalische Untersuchungen mbH aus Karlsruhe. Auf der Basis von Messergebnissen und Datenauswertungen konnten die Fragestellungen bei den einzelnen Objekten beantwortet werden. An dieser Stelle möchte ich mich ganz herzlich bei den Kollegen Bernhard Illich, Markus Hübner und Dr. Alexander Hemmann für die jahrelange gute Zusammenarbeit und den regen und immer wieder sehr interessanten fachlichen Austausch bedanken.

Das Buch richtet sich an Praktiker aus der Denkmalpflege, Architekten und Ingenieure, ausführende Baufirmen und Eigentümer alter Bauwerke und Denkmäler.

1.1 Bestands- und Zustandserkundungen an historischen Bauwerken

Jedes alte Bauwerk ist ein Unikat und jede geplante Maßnahme unterliegt individuellen Randbedingungen und Anforderungen. Die Herangehensweise bei Erhaltungs- und Sanierungsmaßnahmen sollte einer universellen und bewährten Struktur folgen. Bereits 1983 hat Pieper [1] Arbeitsschritte für Erhaltungsmaßnahmen an der Tragstruktur formuliert, die ihre Aktualität bis heute nicht verloren haben. Im Gegenteil, die konsequente Anwendung der Arbeitsschritte Anamnese, Diagnose, Therapie und Sicherheitsnachweise sowie dann folgende Vorsorgeuntersuchungen lassen Baufehler vermeiden und Kosten reduzieren. Nicht zuletzt dienen sie dem schonenden Umgang mit noch erhaltener historischer Bausubstanz.

Anamnese

Mit einer gründlichen Anamnese wird der aktuelle Bauzustand als Resultat der Geschichte beschrieben. Dazu gehören das Studium geschichtlicher Quellen und eine möglichst umfassende Bestandserkundung. Es wird festgestellt, was ist und was war, was messbar und mitteilbar ist. Dazu gehört, dass Baupläne mindestens im Maßstab 1:100 vorliegen sollten, in die alle beobachteten Schäden eingezeichnet werden. Dazu zählt das Erfassen von Verformungen, Verschiebungen und Rissen. Es muss festgestellt werden, ob die verformenden Prozesse abgeschlossen sind oder ob sie sich fortsetzen.

Des Weiteren müssen alle Baustoffe untersucht werden. Dazu gehören zum Beispiel die Bestimmung der Materialeigenschaften von Steinen, Mörtel, Holz und metallischen Bauteilen und die Bewertung deren Zustände.

Die Erfassung der vorhandenen Baukonstruktion ist insbesondere zum Verständnis der Schadensbilder notwendig. So muss beispielsweise abgeklärt werden, ob Wände ein- oder mehrschalig sind, in welchem Zustand die Innenfüllung ist, wo sich Hohlräume befinden und ob es stabilisierende Bindersteine gibt. Die Lage und der aktuelle Zustand von Steinklammern oder Ringankern sind ebenfalls von Bedeutung.

Oftmals lassen sich gravierende Schäden am Bauwerk auf Gründungsprobleme zurückführen. Dem heute vorhandenen Baugrund, den örtlichen Randbedingungen und der Gründung sind daher besondere Aufmerksamkeit zuzuwenden. Dazu bedarf es erfahrener Baugrundspezialisten.

Untersucht werden sollten auch die Funktionalität von Wassererfassungs- und Ableitungssystemen. Dazu zählt die Erfassung und Ableitung des Regenwassers und des Grundwassers.

Ergänzend zu den statischen Fragestellungen müssen auch bauphysikalische und akustische Funktionen der Bauteile erfasst und beurteilt werden. Werden diese bei den neuen Baumaßnahmen nicht berücksichtigt, können sich schnell daraus große Folgeschäden entwickeln.

Diagnose

Unter Diagnose versteht man das Verbinden bekannter Fakten und Informationen mit der Ursachenforschung. Bestandteil deren sind eingehende Untersuchungen am Bauwerk, die Anamnese, die zerstörungsfrei und zerstörend erfolgen können. Es werden Fragen nach der Konstruktion, dem Material, dem Erhaltungszustand, dem Tragsystem, den Einwirkungen und dem Widerstand gestellt und beantwortet. Es wird möglichst genau unterschieden zwischen Ursachen und Folgen zu früherer Zeit und aktuell. Grundlage einer soliden Diagnose ist immer auch Erfahrungssache. Je genauer die Anamnese war, umso leichter wird eine Diagnose sein. Zu jeder qualitativen Diagnose gehört auch eine quantitative. Es muss der Kraftverlauf vom Dach bis in den Baugrund mittels statischer Berechnungen nachgewiesen werden. Somit ist es möglich, die im Bauwerk verbliebene Restsicherheit abzuschätzen. Eine Bestätigung der Richtigkeit der statischen Annahmen kann über den aktuellen Zustand am Bauwerk direkt erfolgen. Dazu dienen u. a. vorhandene und dokumentierte Rissmuster und Verformungen. Ergeben statische Berechnungen, dass die Bruchfestigkeit des vorhandenen Materials weit überschritten ist und das Bauwerk noch steht, könnte dies eher an falsch getroffenen Annahmen als an Ausnahmen in der Belastbarkeit liegen. Ein kritisches Hinterfragen der verwendeten Methoden und Verfahren ist dann erforderlich.

Auch hier zeigt sich, dass zur Abklärung des vorhandenen Tragwerks und dessen Belastbarkeit eine gründliche Anamnese von Struktur und Materialien Voraussetzung ist.

Therapie auf der Basis von Anamnese und Diagnose

Nach Anamnese und Diagnose können Erhaltungsmaßnahmen solide geplant und ausgeführt werden. Bezeichnet als Therapie erfolgen Überlegungen zur Wirksamkeit, Dauerhaftigkeit, Denkmalverträglichkeit und zu einer möglichen Reversibilität der Maßnahmen. Die in der Diagnose erkannten Ursachen für Schädigungen müssen beseitigt werden. Es hat sich bewährt, diesen Prozess in „Vorplanung, Planung und Ausführung" zu unterteilen.

Dazu gehört, dass die statischen Berechnungen der Diagnose unter Einbeziehung der sichernden Kräfte wiederholt und die Entlastung der vorher überlasteten Stellen betrachtet werden. Dabei gilt es, die aktuell gültigen Normen zu berücksichtigen. Prinzipiell sollte der vorhandene Kraftfluss am Bauwerk nach Möglichkeit erhalten werden. Jede grundsätzliche Änderung wird neue Formänderungen in der Konstruktion, neue Bereiche mit Belastungen oder sogar Überlastungen und vor allem Folgen auf den Baugrund hervorrufen.

Auch die geplanten Eingriffe bei den Baumaßnahmen müssen rechnerisch erfasst werden. Generell müssen alle zu erfolgenden Maßnahmen sorgfältig geplant, dokumentiert und ausgeführt werden. Auch hier spielen vorhandene Erfahrungen und Spezialwissen sowie Können eine große Rolle.

Kontrolle und Prognose

Nach o. g. Prozessen können Schritte wie Prognose und Kontrolle und ggf. Anpassung der erfolgten Maßnahmen folgen. Die zukünftige Entwicklung kann abgeschätzt werden und dem Bauherrn oder Denkmalpfleger als Hilfsmittel dienen, um erforderliche Sicherungsarbeiten in terminlicher und finanzieller Hinsicht zu berücksichtigen und zu planen.

Nicht zu vergessen sind regelmäßige Kontroll- und Wartungsarbeiten nach Fertigstellung. Es nützt nicht viel, ein Bauwerk mit hohem technischen und finanziellen Aufwand zu erhalten und zu sanieren, wenn es dann für die weiteren Jahre sich selbst überlassen wird. Erforderlich sind regelmäßige Beobachtungen und Kontrollen an markanten Stellen und solch einfache Tätigkeiten wie das Sicherstellen der Regenwasserableitungen. Die Kosten dafür sind unerheblich, der Nutzen aber enorm.

Solch eine komplexe Herangehensweise kann nicht von einer Person allein bewältigt werden. Vielmehr ist eine interdisziplinäre Zusammenarbeit in einem Team von Denkmalpflegern, Bauforschern, Naturwissenschaftlern, Architekten, Ingenieuren und anderen Spezialisten erforderlich. Nicht zu vergessen sind die ausführenden Firmen und Handwerker und deren praktisches Wissen und Können.

Eine fachübergreifende offene und tolerante Zusammenarbeit bringt nicht nur optimale Bedingungen für das Bauwerk, sondern auch unschätzbare Erfahrungen und Erkenntnisse aller am Projekt Beteiligten.

Historisches Mauerwerk 1.2

Wer sich mit der Erhaltung und Sanierung alter Bauwerke beschäftigt, begegnet oft historischem Mauerwerk. Es ist meistens ein wesentlicher Bestandteil der Tragkonstruktion und nimmt Lasten aus Gewölben, Decken, Dächern und sich selbst auf und leitet diese über die Fundamente in den Baugrund. Des Weiteren hat Mauerwerk eine Raum bildende Funktion und umschließt Räume mit unterschiedlichen Nutzungen. Unter dem Begriff „historisches Mauerwerk" werden in der Regel Mauerkonstruktionen verstanden, die bis etwa Ende des 19. Jh. entstanden sind. Danach wurden immer weniger Gebäude gemauert und beispielsweise aus Naturstein hergestellt. Durch die zunehmende Industrialisierung und die Verwendung des Zementes und des Betonbaus wurde der Mauerwerksbau zurückgedrängt. Heute entstehen Mauerwerksbauten meistens aus zementgebundenen oder keramischen Steinen.

Struktur- und Zustandsformen 1.2.1

Die anzutreffenden Struktur- und Zustandsformen historischen Mauerwerks sind sehr vielfältig. Im geschichtlichen Verlauf sind unterschiedliche Konstruktionen und Materialien zeittypisch, wobei auch häufig zwischen Sakral- und Profanbauten ein anderer Mauerwerksaufbau gewählt wurde. Auch in der damaligen Erbauungszeit spielten die ökonomischen und lokalen Verhältnisse eine große und nicht selten entscheidende Rolle.

Die Qualität und der heutige Zustand alter Mauerwerkskonstruktionen werden u. a. von:

- der Herstellungsart
- den verwendeten Materialien
- der Sorgfalt beim Bauen
- der Bauwerksnutzung und
- Veränderungen durch Umbau oder Sanierung bestimmt (Bild 1.1).

Bauteile wie Gewölbe, Bögen, Wände, Decken, Säulen, Pfeiler, Fundamente, Zierelemente und Ornamentik lassen sich in der Regel gut erkennen. Nicht immer kann aber visuell zweifelsfrei bestimmt werden, ob es sich z. B. überall um Ziegel- oder Natursteinmauerwerk handelt, ob Mauern durchgemauert sind oder ob sich zwischen den sichtbaren Außenwänden eine Innenfüllung befindet. Ebenso lassen sich die Lage und der Verlauf von Kanälen, Schächten, metallischen oder hölzernen Einbauteilen nicht einfach erkennen. Ausbauchungen lassen Hohlräume in Bauteilen vermuten, was aber nicht immer zwangsläufig der Fall ist. Manche Ausbauchung entstand schon wäh-

Bild 1.1: Das Unterlinden-Museum in Colmar/Frankreich ist in einem ehemaligen Dominikanerinnenkloster untergebracht. Bereits 1853 wurde das Kloster in ein Museum umgewandelt und beherbergt einen einmaligen Bestand an rheinischer Kunst.

rend der Bauphase und hat das Tragverhalten nicht beeinträchtigt. Aufgrund der langen Lebensdauer kommen Gebrauchsspuren und Veränderungen durch Um- und Anbauten hinzu. Den Zustand alten Mauerwerks zu beurteilen, ist ohne das Wissen um mögliche Konstruktionsformen und weiterführende Untersuchungen oder Eingriffe nicht möglich. Eine vollständige Typologie der Mauerwerks- und Schadensarten ist bis heute nicht gelungen, eine Zusammenstellung häufig anzutreffender Situationen zeigt Bild 1.2.

Erfahrungen besagen, dass ab einer Wanddicke von ca. 50 cm mehrschaliges Mauerwerk vorhanden sein kann. Bei diesem befindet sich zwischen zwei Außenwänden eine Innenfüllung, die ganz unterschiedlicher Qualität und Dichte sein kann. Dabei handelt es sich meistens um weichere Zwischenschichten. Aber auch steifere Innenfüllungen werden angetroffen. Man spricht dann von mehrschaligem Mauerwerk.

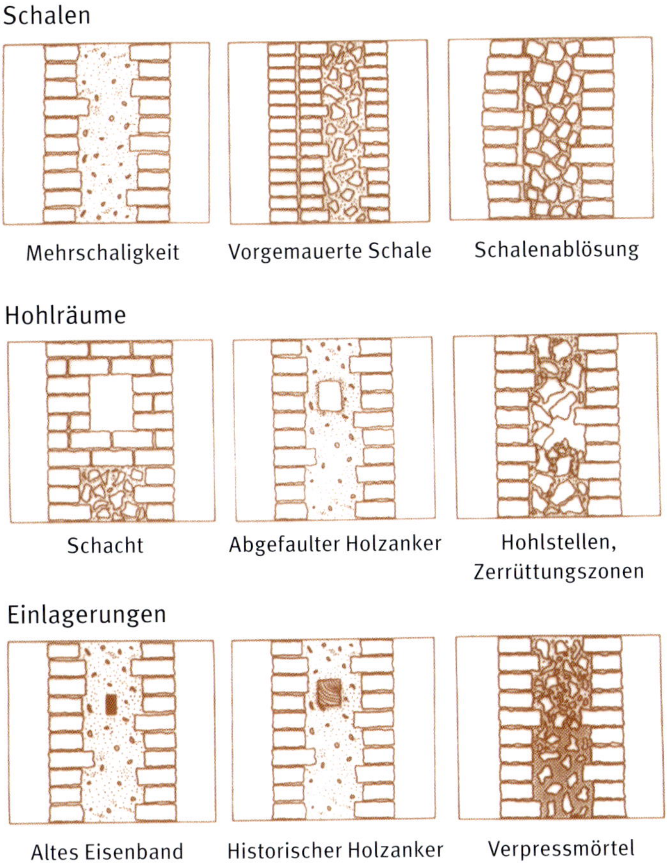

Schalen

| Mehrschaligkeit | Vorgemauerte Schale | Schalenablösung |

Hohlräume

| Schacht | Abgefaulter Holzanker | Hohlstellen, Zerrüttungszonen |

Einlagerungen

| Altes Eisenband | Historischer Holzanker | Verpressmörtel |

Bild 1.2: Beispiele von Struktur- und Zustandsformen alter Mauerkonstruktionen

Generell wird zwischen ein- und mehrschaligem Mauerwerk als Bruch- oder Werksteinmauerwerk unterschieden. Ausgeführt wurde dies in unterschiedlichen Materialien wie Naturstein oder luftgetrockneten bzw. gebrannten Ziegeln, verputzt und unverputzt. Oft waren die vorhandenen regionalen geologischen Bedingungen und die wirtschaftlichen Verhältnisse der Bauherren für die Wahl des verwendeten Steins verantwortlich. Das verwendete Material, die Ausführung und die Bearbeitung des Mauerwerks, die Versatztechniken, Größe und Bearbeitungsspuren von Quadermauerwerk, Ziegelformate und Steinmetzzeichen können Erkenntnisse zur Entstehungszeit und Datierungshinweise liefern. So weisen Zangenlöcher in den Steinquadern auf die Verwendung von Wolfszangen hin. Mit diesen wurden in der gotischen Bauzeit die Steinquader gehoben und versetzt. Quadergröße sowie Werkzeug- und Bearbeitungsspuren liefern Informationen zur Entstehungszeit bzw. lassen bauliche Veränderungen zeitlich gut einordnen (Bilder 1.3 und 1.4).

Bild 1.3: Steinmetzwerkzeuge

Bild 1.4: Wolfszange zum Versetzen von Steinquadern

Einschalige Mauerwerke aus Ziegel- und Naturstein 1.2.2

Meist handelt es sich um dünne Außenwände oder um Außenschalen bei mehrschaligen Konstruktionen. Wände aus im Verband vermauerten Ziegelsteinen können jedoch auch in großen Dicken angetroffen werden, ohne dass es sich um eine mehrschalige Konstruktion handelt.

Einschalige Mauerwerkspartien wurden entweder aus natürlichen oder künstlichen Steinen hergestellt. Mauerwerkswände bestehen aus im Verband gemauerten oder gesetzten Steinen, die meistens bei größeren Dicken durch Binder zusammengehalten werden. Die Natursteine können unterschiedlich gut bearbeitet sein. Das ist zum einen von den handwerklichen Fertigkeiten zum Zeitpunkt der Erbauung und zum anderen von verwendeten Natursteinen bzw. Kunststeinen abhängig. Ziegelsteine sind meistens recht maßhaltig.

Einflüsse auf die Tragfähigkeit von Mauerwerk haben u. a.

- der Mauerwerksaufbau
- der Verband der Steine
- das Verhältnis Steinhöhe zu Steinbreite
- das Verhältnis Fugendicke zu Steinhöhe
- die Fugenneigung
- die Qualität der handwerklichen Verarbeitung
- die verwendeten Baustoffe und
- deren Erhaltungszustand

und vieles andere mehr.

In DIN 1053-1 wird heute die Berechnung und Ausführung von Mauerwerk geregelt. Es erfolgt eine Klassifizierung, wobei zunächst nach Natursteinmauerwerk und Mauerwerk aus künstlichen Steinen unterschieden wird. Bei der Bewertung von Natursteinmauerwerk spielt die handwerkliche Verarbeitung eine große Rolle. Es wird unterschieden nach:

- Bruchsteinmauerwerk
- hammerrechtem Schichtenmauerwerk
- unregelmäßigem Schichtenmauerwerk
- regelmäßigem Schichtenmauerwerk und
- Quadermauerwerk.

Neben dem Bearbeitungszustand der Natursteine sind das Vorhandensein von Mörtel und die Dicke der Mörtelfugen sowie die Bearbeitung und Neigung der Lagerfugen weitere Beurteilungskriterien (Tabelle 1.1). Oftmals ist es aber schwierig, vorhandenes Mauerwerk eindeutig in diese Klassifizierung einzuordnen.

Baulicher Brandschutz
Im Baudenkmal und im Bestand

Beuth Praxis | Gerd Geburtig
Brandschutz im Baudenkmal
Grundlagen
1. Auflage 2009. 165 S. A5. Broschiert.
38,00 EUR | **ISBN 978-3-410-17562-9**

Beuth Praxis | Gerd Geburtig
Brandschutz im Bestand
Schulen und Kindertagesstätten
1. Auflage 2010. ca. 140 S. A5. Broschiert.
ca. 38,00 EUR | **ISBN 978-3-410-17654-1**

Beuth Praxis | Gerd Geburtig
Baulicher Brandschutz im Bestand
Brandschutztechnische Beurteilung
vorhandener Bausubstanz
1. Auflage 2008. 261 S. A5. Broschiert.
48,00 EUR | **ISBN 978-3-410-16775-4**

Gerd Geburtig
Brandschutz im Bestand: Holz
1. Auflage 2009. 281 S. 24 x 19 cm. Gebunden.
59,00 EUR | **ISBN 978-3-410-17270-3**

Bestellen Sie unter:
Telefon +49 30 2601-2260
Telefax +49 30 2601-1260
info@beuth.de
www.beuth.de

Tabelle 1.1: Einteilung von Natursteinmauerwerk nach DIN 1053-1

Prinzipskizze	Erläuterung
	Trockenmauerwerk aus Bruchsteinen ohne Verwendung von Mörtel, Versetzen mit möglichst engen Fugen und nur kleinen Hohlräumen, Einkeilen der Mauersteine
	Zyklopenmauerwerk unter Verwendung wenig bearbeiteter Bruchsteine, verlegt im Verband und in Mörtel **Bruchsteinmauerwerk** aus wenig bearbeiten Bruchsteinen mit Mörtel verfugt
	Hammerrechtes Schichtenmauerwerk aus ungefähr rechtwinkligen Steinen mit gelegentlichen (horizontalen) Ausgleichsschichten, die Steine erhalten auf mind. 12 cm Tiefe bearbeitete Lager- und Stoßfugen, die ungefähr rechtwinklig zueinander stehen.
	Unregelmäßiges Schichtenmauerwerk, d. h., die Lagen haben unterschiedliche Höhen, die Steine erhalten auf mind. 15 cm Tiefe bearbeitete Lager- und Stoßfugen, die zueinander rechtwinklig stehen. Die Fugen der Sichtfläche dürfen nicht dicker als 30 mm sein.
	Regelmäßiges Schichtenmauerwerk, Anforderungen wie beim unregelmäßigen Schichtenmauerwerk, innerhalb einer Schicht darf die Höhe der Steine nicht wechseln.
	Quadermauerwerk mit maßgerechten Quadern, die mindestens 14 cm Stoßfugenüberdeckung zeigen müssen.

a) Trockenmauerwerk, Zyklopenmauerwerk

Bild 1.5: Beispiele von Natursteinmauerwerk

Neben dem ausgeführten Mauerverband müssen die Stein- und Fugengeometrie und die Materialeigenschaften wie Steindruckfestigkeiten, Steinzugfestigkeiten, Verwitterungsverhalten und die Eigenschaften der Mörtel bekannt sein und berücksichtigt werden. Über den ganzen Querschnitt muss reines Natursteinmauerwerk handwerksgerecht ausgeführt sein und es dürfen nur gesunde Gesteine lagerhaft, d. h. entsprechend ihrer Schichtung eingebaut werden.

Von wesentlichem Einfluss für die Bestimmung der zulässigen Druckspannungen ist das Verhältnis von Lagerfugendicke zu Steinhöhe. Je kleiner das Dickenverhältnis, das heißt je geringer der Fugenanteil, umso näher liegt die Mauerwerksfestigkeit an der Steinfestigkeit. Je größer das Dickenverhältnis bzw. der Fugenanteil, desto mehr sinkt die Mauerwerksfestigkeit in Richtung Mörtelfestigkeit ab. Die Mindestdicke von tragendem Natursteinmauerwerk beträgt 240 mm, der Mindestquerschnitt 0,1 m^2.

Im Laufe der Zeit ist oftmals ein Mischmauerwerk durch Veränderungen, Reparaturen oder Ähnliches entstanden. Die Geschichte eines Bauwerkes lässt sich dadurch teilweise bereits an der Fassade bzw. Oberfläche ablesen. Andererseits bleiben die im Inneren der dicken Wände durchgeführten Veränderungen oder Schäden verborgen und sorgen heute häufig für Überraschungen. Beispiele zeigen die Bilder 1.5 und 1.6.

b) regelmäßiges und unregelmäßiges Schichtenmauerwerk, hammerrechtes Schichtenmauerwerk, Mischmauerwerk Bruchstein und Ziegel

Fortsetzung Bild 1.5

Bild 1.6: Beispiele aus Ziegelmauerwerk

1.2.3 Mehrschaliges Mauerwerk

Das mehrschalige Mauerwerk, das aus einer im Verband gesetzten Außenmauer und einer Innenfüllung besteht, war das über Jahrhunderte vorherrschende Mauergefüge. Die Wände haben Dicken von mehr als 50 cm bis mehrere Meter. Die unterschiedlichen Herstellungsverfahren können unter Umständen sogar am Bauwerk noch abgelesen werden, des Weiteren liegen Schriftquellen vor. In Abhängigkeit von den Ressourcen wurde Naturstein verbaut. So wurden beispielsweise die beiden Außenwände solide und standfest aus gut bearbeiteten Steinen hergestellt und dienten als Schalung für die Innenfüllung. Diese Innenfüllung ist dann oftmals schlechterer Qualität als die beiden Außenwände; es wurden Steinreste, kaum bearbeitete Steine, Abfälle und Mörtelreste von der Herstellung der Außenwände verwendet.

Andererseits können aber auch die Außenwände aus gut bearbeiteten Steinen lediglich als Verkleidung oder Verblendung vor einen soliden und standfesten Mauerwerkskern gesetzt worden sein.

Bei beiden Varianten kann es zur Stabilisierung einbindende oder über den gesamten Querschnitt durchbindende Steine geben.

Prinzipiell wurde in kleinen Bauabschnitten gearbeitet, da der kalkhaltige Mörtel zunächst abbinden und erhärten musste.

Aufgrund der vorhandenen Vielfalt kann historisches Mauerwerk nicht streng nach Kategorien geordnet werden. Im Folgenden werden einige Quellen zitiert, die sich mit dessen Aufbau und Konstruktion beschäftigt haben. Der Anspruch auf Vollständigkeit besteht nicht. Weiterführende Literatur ist im Abschnitt 6 zusammengestellt.

So befasste sich Eckert [15] auf der Basis historischer Schrift- und Bildquellen sehr ausführlich mit Konstruktionsprinzipien, verwendeten Techniken und Materialien historischen Mauerwerks und vergleicht das dort Beschriebene auch mit einigen noch bestehenden Bauwerken. In Tabelle 1.2 sind seine Untersuchungen bezüglich mehrschaliger Konstruktionen zusammengefasst dargestellt, beginnend bei römischem Mauerwerk bis hin zum Mauerwerk des 19. Jh. Die Untergliederung erfolgt hier nach den verwendeten Materialien für die Außenschalen und die Zwischenschicht im Zusammenhang mit den jeweiligen konstruktiven Besonderheiten.

Tabelle 1.2: Materialien und Konstruktion mehrschaligen Mauerwerks nach Eckert [15]

Zeitalter	Außenschalen	Zwischenschicht	Bindemittel	Konstruktion
Römisches Mauerwerk	dichtes, wetterfestes Steinmaterial • netzförmiges Mauerwerk • unregelmäßiges Bruchsteinmauerwerk • gleichförmiges Quadermauerwerk	feinkörnige Masse aus Kalk, Sand, Steinbruch	Kalkmörtel	Dicke: ca. 0,45 m Schalenmauerwerk Gussmauerwerk: Einfüllen der Füllmasse zwischen Schalbrettern
Romanik 10./12. Jh.	Klein- und Großquader, Kiesel- und Bruchsteine • Mischmauerwerk • kleinteiliges Mauerwerk, $d = 0{,}30$ m bis 0,60 m	Gussmauerwerk: lockeres Gemisch aus Steinen und Mörtel, Bruchsteinmauerwerk: dicht gepackt und vermörtelt, geschichtete Innenfüllungen	Kalkmörtel	Gesamtdicke: 1 m bis 1,5 m Verjüngung im Dachgeschoss, Verstärkungen und Entlastungsbögen in den Innenfüllungen, keine systematische Verzahnung zwischen Außenschale und Innenfüllung
Gotik 13./14. Jh.	Bruchsteine, Kiesel- und Ziegelsteine Großquader	Wechsel aus Kiesel- und Ziegelschichten, Bruchsteine teils geschüttet, teils geschichtete Stein- und Mörtellagen	Kalkmörtel	Schalen als Verblendung für stabile Zwischenschicht oder als Schalung für lockeres Füllmaterial Verringerung der Mauerstärken in den Obergeschossen von ca. 2,50 m auf ca. 1,40 m
Renaissance 15./16. Jh.	wetterfeste Steine Quader-, Netz- oder unregelmäßiges Mauerwerk entsprechend römischem Vorbild	weichere Steine, kleine Felssteine, „eine Art Beton" Ausmauerung oder Ausfüllung mit ordentlichen, aber minderwertigen Steinen in Schichten	Kalkmörtel	Bindersteine zwischen den Schalen, Verdichtung der Innenschicht zur Verhinderung von Hohlräumen
Italienische Theorie 17. Jh.	Ziegelsteine, Quader- und Bruchsteine harte und weiche Steine	viereckig gehauene, kleine Steine gemauerte Bänder	Kalkmörtel	entsprechend römischem Vorbild Verbund- und Schalenmauerwerk

Tabelle 1.2 *(fortgesetzt)*

Zeitalter	Außenschalen	Zwischenschicht	Bindemittel	Konstruktion
Französische Praxis 18. Jh.	feuchte- und frostbeständige Steine Lagersteine und Bindersteine • Quadermauerwerk mit formatigen Steinen • Ziegelmauerwerk	nicht witterungsbeständiges Material Bruchgestein waagerecht in Schichten mit Fugenversatz, Herstellungsqualität entspr. der der Außenschalen, kein Materialwechsel	Kalkmörtel	sorgfältige Sockelzone sorgfältige Verzahnung der Schalen Ausfüllen der Löcher mit Steinen Dicke von 0,65 m bis 1,14 m
Klassizismus	Feldsteine, Bruchsteine, Sandsteine • Bruchstein- und Quadermauerwerk	Gussmauerwerk: Schottermaterial aus „kleinen irregularen Steine(n) und Schlacken" ohne Ordnung, Übergießen der Steinstücke mit Kalkmörtel	Kalkmörtel	Mehrschaligkeit nur noch bei sehr starken Wänden beginnender Skelettbau mit tragenden und nichttragenden Elementen
19. Jh.	frost- und salzbeständiges Material • Quadermauerwerk aus flachen Steinen Verwendung von Bindersteinen	Ausfüllung mit Steintrümmern und Staub Umhüllung der Steine mit Mörtel Volumenverhältnis von Stein : Mörtel = 1 : 0,5	Kalkmörtel erste Zemente	Schalenmauerwerk nicht für hochbelastete Bauteile

Als Arbeitsgrundlage zur Untersuchung des Tragverhaltens mehrschaliger Mauerwerkskonstruktionen hat Egermann [15, 29] eine Typologie auf der Basis von etwa 50 größtenteils in England anzutreffenden mittelalterlichen Querschnitten erarbeitet. Er untergliedert sie nach der Herstellungsart der Außenschalen und Zwischenschichten sowie deren Verbindung miteinander (Bild 1.7). Mittels dieser Typologie werden 39 Klassen erfasst.

Klar erkennbare Mehrschaligkeit in der Form von zwei Außenwänden und einer Innenfüllung ist nicht der Regelfall. Gerade bei Bruchsteinmauerwerk kommt es vor, dass die Außenschalen dickere Wände sind und mit mehr Sorgfalt hergestellt wurden. Der Zwischenbereich lässt sich daran erkennen, dass schadhafte und kleinere Steine mit hohem Mörtelanteil verwendet wurden. Dadurch entstanden dickere Mörtellagen und kleinere Hohlräume. Somit liegen vertikale Querschnittsbereiche mit unterschiedlichem Verformungs- und Bruchverhalten vor.

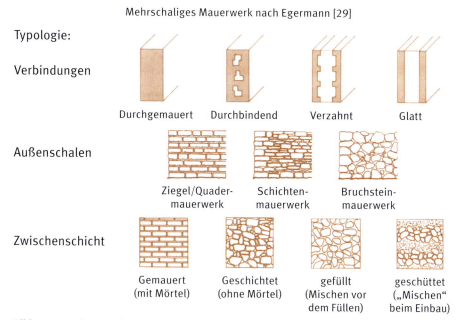

Bild 1.7: Typologie mehrschaligen Mauerwerks

Die Bandbreite der Mehrschaligkeit ist sehr groß und lässt sich sehr schwer in eine generelle Definition zwängen. Zusammengefasst kann von mehrschaligem Mauerwerk gesprochen werden, wenn keine einheitlich im Verband durchgemauerte Wand vorliegt und am Querschnitt Qualitäts- und Konstruktionsunterschiede erkennbar sind.

Eine jeweilige Untersuchung und Charakterisierung ist objektbezogen unumgänglich.

Zwischenschichten mehrschaligen Mauerwerks 1.2.4

Unter Zwischenschichten bzw. Innenfüllungen sind Bereiche zwischen zwei begrenzenden Mauerwerkswänden zu verstehen, die aus behauenen und aus unbehauenen Steinen bestehen kann. Diese Innenfüllung unterscheidet sich qualitativ deutlich von den äußeren Wandpartien, wobei ein Verzahnen der Schalen bzw. Wände durchaus möglich ist. Die in der Praxis geläufigen Begriffe Zwischenschicht oder Innenfüllung sagen noch nichts über deren Art, Konstruktion und Qualität aus. Sie bezeichnen nur die räumliche Lage und können lediglich als ein Hinweis auf nicht kompakt durchgemauerte Wände verstanden werden. Unter zentrischer Belastung können in Abhängigkeit von der Qualität der Innenfüllungen zusätzlich zu den

Druckspannungen in den Außenschalen diese noch durch Biegespannungen aus den Einwirkungen einer schlechten Innenfüllung beansprucht werden. Ausbauchungen der Außenschalen kündigen oftmals einen Bruch an, der durch Biegedruckversagen der Außenschalen ausgelöst wird. Bei steifen Innenfüllungen erfolgt der Kollaps plötzlich und unangekündigt, wobei das Druckversagen der Zwischenschicht ursächlich ist.

Für die Beurteilung der Standsicherheit und Gebrauchstauglichkeit von mehrschaligem alten Mauerwerk ist somit neben der Kenntnis der Materialeigenschaften der verwendeten Baustoffe und der Qualität der Außenschalen insbesondere eine gesicherte Aussage zur Struktur und Qualität der verdeckten Innenfüllung erforderlich. Diese kann sich je nach Beschaffenheit und Zustand an der Lastabtragung beteiligen, aber auch eine zusätzliche Beanspruchung und Belastung der Außenschalen bewirken.

Einteilung und Beurteilung nach Egermann

Zwischenschichten sind sehr verschieden dimensioniert und meist mit unterschiedlicher Technik und Sorgfalt aus Mörtel und Steinresten hergestellt worden. So kann von der gemauerten Schicht als der solidesten ausgegangen werden.

Geschüttete Zwischenschichten, bei denen die Zuschläge wie Steine verschiedener Größen und Materialien mit Bindemittel bei der Herstellung übergossen wurden, weisen einen relativ hohlraumreichen, sandwichartigen Aufbau auf.

Eine ebenfalls hohlraumreiche Zwischenschicht entstand bei der Schichttechnik. Hier wurden die Steine in ein Mörtelbett eingesetzt und danach mit Mörtel übergossen, in den dann die nächste Steinschicht eingesetzt wurde.

Ein relativ dichtes Gefüge entstand beim Füllen mehrschaliger Mauern. Hierbei wurden die Zuschläge und der Mörtel vor dem Verfüllen gemischt und danach zwischen den Außenschalen eingebaut und gründlich verdichtet.

Es ist bekannt, dass der Mörtelanteil oftmals sehr hoch war. Dessen Qualität ist sehr unterschiedlich und war oft bereits von Beginn an schlecht oder hat aufgrund von Witterungseinflüssen stark gelitten. Das hat während der langen Lebenszeit der Bauwerke zu unterschiedlich starker Beeinträchtigung der Tragfähigkeit und Standsicherheit geführt. Die Zustandsformen vorhandener Innenfüllungen differieren somit heute von loser Schüttung bis hin zu einem betonartigen dichten Gefüge aus Mörtel und kleinen Zuschlägen.

Für die Herstellung des Mörtels wurde meistens Kalk verwendet. Dieser entstammte häufig der näheren Umgebung der Baustelle,

Bild 1.8: Beispielhafte Innenfüllung

wurde als ungelöschter Kalk transportiert und unmittelbar vor der Verarbeitung gelöscht und mit Sand gemischt. Für die Innenfüllung verwendete man aus Kostengründen ein sehr mageres und minderwertiges Bindemittel. Dieses ist aufgrund der langen Lebens- und Nutzungsdauer oftmals infolge Ausspülungen kaum noch vorhanden (Bild 1.8).

Historische Mörtel 1.2.5

Der historische Mörtel beruht in seiner Zusammensetzung und seinem Einsatz auf Erfahrungswissen. Dieses ist nur bruchstückhaft übermittelt und verliert sich teilweise unter neuen bautechnischen Entwicklungen.

Mörtel wird als Mauer-, Putz- oder Estrichmörtel eingesetzt und unterliegt zwei Forderungen:

1. als Bindemittel zur Verknüpfung verschiedener Baumaterialien und Bauelemente

2. als Beschichtung zur Beeinflussung der Gebrauchsfähigkeit von Bauwerken.

Mörtel ist ein Verbundwerkstoff aus einem Bindemittel wie Kalk und mineralischen Zuschlagstoffen. Es gibt Gussmörtel mit eingelegten Steinbrocken, Fugen- und Dünnbettmörtel sowie Putz- und Estrichmörtel. Er sichert den bautechnischen Zusammenhalt unterschiedlicher Materialien und Bauelemente wie beispielsweise den Aufbau von Böden, Wänden und Decken.

Aufgrund seiner bauphysikalischen Eigenschaften beeinflusst der Mörtel insbesondere den Wasser- und Wärmehaushalt von Bauwerken bzw. Bauteilen. Aufgrund dessen, dass sich bauklimatische Verhältnisse mit Putz- und Estrichmörteln verbessern lassen, wurde dieser nicht nur aus ästhetischen Gründen, sondern auch aus Gründen des Brandschutzes und der Wärmetechnik eingesetzt.

Aus zahlreichen Publikationen wurde in Tabelle 1.3 eine kurze Zusammenfassung der häufigsten Mörtel je Epoche zusammengestellt.

Tabelle 1.3: Historische Mörtel und ihre Zusammensetzung.

Epoche	Typisches Bindemittel und Zuschläge	Besondere Bindemittel oder Zuschläge
Römische Zeit	Branntkalk wurde niedrig gebrannter Ziegelsplitt oder für Wasserbauten auch Puzzolane zugesetzt. Die puzzolanische Reaktion von vulkanischen Aschen war bekannt.	Vereinzelt wurden Puzzolanerden, Aschen, Schlacken, Muschelschalen bis hin zu Eierschalen verwendet.
Vorromanik	Stückkalk wurde meist vor Ort gebrannt. Bei Profanbauten wurde auch Lehm, Trass-Kalk und Trassmörtel verwendet.	Die Mörtelherstellung erfolgte erst auf der Baustelle.
Romanik	Kalk wurde meist erst auf der Baustelle gebrannt und trocken gelöscht, d. h. mit feuchtem Sand abgedeckt und später zu Ende gelöscht und warm verarbeitet. Später wurde dann mit reichlich Wasser abgelöscht und eingesumpft.	An Küstenregionen wurden Kalke aus Muschelschalen gebrannt. Trockenlöschen erzeugt hohe Festigkeiten.
Gotik	Gleichartige Kalkmörtel wurden für Putz- und als Mauermörtel verwendet. Der gebrannte Kalk wurde auf der Baustelle eingesumpft und nach 4 Tagen noch warm verwendet.	Dieser Mörtel ergab relativ hohe Festigkeiten. Eigenschaftsverbesserer waren z.B. Magerquark für die Kaseinbildung und gute Putzeigenschaften, verschiedene Tierhaare zur Armierung und Schwundreduzierung.

Tabelle 1.3 *(fortgesetzt)*

Epoche	Typisches Bindemittel und Zuschläge	Besondere Bindemittel oder Zuschläge
Renaissance	Es wurde der Mörtel auf den Verwendungszweck und das Bauteil abgestimmt, Verwendung verschiedener Sande, z. B. frischer Grubensand für hochwertiges Mauerwerk und Gewölbe.	Unterschiedlich flüssige Mörtel für unterschiedlich beanspruchte Mauerwerke, z. B. Fließmörtel zum Verfüllen, steifer Mörtel für kleinere Steine.
Barock	Mauer- und Putzmörtel bestand aus Sand und Kalk, der aber je nach Einsatzzweck fetter bis stark gemagert eingestellt wurde. Löschen in der Löschgrube und dann zwei Tage vor der Weiterverarbeitung lagern. Im Innenbereich wurde mit sehr fetten Kalk- und Gipsmörteln sehr viel Stuck hergestellt, der sehr sorgfältig rezeptiert wurde.	Stuck wurde in großen Mengen zur Innen- und Außendekoration verwendet. Viele Ornamente wurden seriell vorgefertigt oder direkt an der Fassade in Formen gepresst. Häufiger Zusatz von Kohle oder Holz zur Gewichtsreduzierung bei Stuckaturen
Klassizismus	Der Sand spielte eine große Rolle und wurde auf das Bauteil abgestimmt. Kalk wurde als Grubenkalk eingesumpft, daneben wurden Gipskalke oder Mergelkalke frisch gebrannt eingesetzt. Mergelkalke enthielten gezielt hergestellt hydraulische Anteile.	Zielsetzung war eine möglichst geringe Fugenstärke bei hochwertigem Quadermauerwerk. Fugen wurden auch als dekorative, gestalterische Elemente eingesetzt.
Heutige Mörtel	Anorganische Bindemittel oder Zemente nach DIN 18550 (Putz) mit Festigkeitsklassen PI bis PIII (Mauermörtel MG I bis MG III, DIN 1053).	Festigkeiten gezielt einstellbar, zum Teil sehr hohe Festigkeiten, hydraulische Bindemittel, Bindemittelzuschlagsverhältnisse 1:4 bis 1:6. Beginn der Zementherstellung in Deutschland um 1850.

Historische Verbindungsmittel 1.2.6

Anker, Dübel, Nadeln und Klammern wurden als Verbindungsmittel im historischen Mauerwerk in den Epochen je nach Wissensstand und technischen Möglichkeiten eingesetzt.

Vorromanik

Für die Stabilisierung des Bauwerks verwendete man vielfach Anker, die in unterschiedlicher Konstruktion und Lage in das Mauerwerk eingebracht wurden. Sie waren überwiegend aus Holz. Heute sind davon meistens nur noch die Aussparungen vorhanden. Den Ankern wurde eine konstruktive Funktion beigemessen, ohne dass man bedachte, dass das Holz verrottet und somit zur Schwächung des Mauerwerks beiträgt. In vielen Fällen bildeten Holzeinbauteile den Nährboden für Bauschädlinge o. ä. Nicht selten wird heute hier der Ausgangspunkt von Hausschwammbefall angetroffen.

Romanik

Anker wurden als zusätzliche Bindemittel im Mauerwerk des Sakral- und Profanbaus vermehrt verwendet. Zum einen wurden hölzerne Balkenanker im Mauerwerksquerschnitt verlegt, zum anderen konnten Balken auch sichtbar im Raum gespannt werden. Ringanker im Mauerwerk wurden in den Fundamenten, etwa in Mannshöhe und am Gewölbeansatz eingebracht. Sie dienten dazu, das grundsätzlich nur auf Druck beanspruchbare Mauerwerk auch mit Zugkräften belasten zu können. Eiserne Anker wurden selten verwendet.

Gotik

Eisenarmierungen und Bleierguss gewannen als weiteres Verbindungsmittel eine große Bedeutung. Die Voraussetzung für deren umfangreichen Einsatz bildete die bessere Verfügbarkeit des Materials seit dem 12. Jh. Damals wurde in Mittel- und Westeuropa intensiv nach Erzen gesucht.

Es wurden zum Beispiel aufeinander stehende Bauglieder durch einen Eisendübel miteinander verbunden, der durch erhitztes und flüssiges Blei vergossen wurde. Kleine Holzklötzchen dienten als Abstandshalter zwischen den beiden Baugliedern. Mit einer Lehmmanschette dichtete man die Fuge ab und goss dann durch einen schräg von oben geführten Gusskanal das flüssige Blei ein. Dadurch, dass es alle Hohlräume ausfüllte, wurde der schmiedeeiserne Dübel komplett umschlossen und somit vor Rost geschützt.

Um Vierungen hauchdünn zu verkleben, wurden bereits Harze verwendet. Das erforderliche Bindemittel Kolophonium wurde durch Anritzen von Baumrinden gewonnen. Schwefel diente zur Vulkanisierung der Masse; durch Terpentin bzw. Leinöl konnte die Masse fließfähig gemacht werden.

Renaissance

In der Renaissance bediente man sich dieser Harzkleber in viel größerem Umfang, z. B. zum Verkleben ganzer Steine. Die umfangreiche Verwendung von eisernen Armierungen nahm während der Renaissance wieder ab. Neue Anwendungen oder Konstruktionen kamen nicht hinzu.

Es wurden verschiedene Formen von Zapfen und Klammern als konstruktive Verbindungsmittel verwendet. Holzverbindungen wurden durch Wachs und Ölschaum konserviert. Eiserne Befestigungsteile wurden mit einem Schutzmantel aus Bleiweiß, Gips oder flüssigem Pech versehen, während Kupferteile durch Zugabe von einem Dreißigstel Zinn dauerhafter und zusätzlich durch einen Überzug aus Erdpech und Zinn geschützt wurden.

Barock

Eiserne Armierungen wurden weiterhin in der hergebrachten Form verwendet, aber nicht so umfangreich wie in der Gotik.

Seit Mitte des 18. Jh. erlebte die Verwendung von Eisenarmierungen jedoch einen neuen Höhepunkt. Man verwendete hölzerne und eiserne Anker und beachtete, dass diese nicht mit Kalk in Berührung kommen durften. Pech und Teer wurden als Rostschutz verwendet. Holz konnte durch Anbrennen oder durch einen Lehmanstrich geschützt werden.

19. Jahrhundert

Verzinktes Schmiedeeisen in Form von Klammern, Dübeln und Gabelankern wurde in der Epoche des Klassizismus und Historismus verwendet. Diese Bindemittel wurden mit flüssigem Blei, Zementmörtel oder hydraulischem Kalkmörtel eingegossen. Bei horizontalen Eisenklammern verwendete man nicht immer Mörtel zum Verguss, sondern teilweise Naturasphalt. Dieser konnte jedoch bei Kälte reißen, so dass unter ungünstigen Bedingungen Wasser eindrang, was zur Durchrostung der eisernen Bindeglieder und weiteren Frostschäden führte.

Mörtel wurde ebenfalls zur Verbindung von Werksteinen eingesetzt.

Bauregeln online
Über 500 wichtige Normungsdokumente für die Bauplanung

Der Online-Dienst für Architekten, Ingenieure, Sachverständige und Bauunternehmer bietet

- Zugang zu über 450 DIN-Normen und ca. 60 Rechtsvorschriften,
- zusätzlich 30.000 Links mit Querverweisen zu anderen Normen,
- nutzerfreundliche Navigation, Dokumente für Online-Nutzung aufbereitet,
- Recherche im Volltext und Ausdruck der Dokumente im PDF-Format
- und mehr!

Übersicht, wie sie die Praxis tatsächlich verlangt.

Mit 4 Updates/Jahr immer aktuell!

Jetzt anmelden unter:
www.bauregeln.de

Bauregeln online

Einzelplatzversion für 1 Jahr
522,41 EUR

Firmenlizenz Standort für 1 Jahr
1.828,44 EUR

Ihre Fragen richten Sie bitte an:
Telefon +49 30 2601-2668
Telefax +49 30 2601-1268
electronicmedia@beuth.de

Moderne zerstörungsarme Erkundungsverfahren 2

Im Rahmen von Voruntersuchungen wird der Bestand meist visuell erkundet, zunächst beginnend an den Oberflächen. Die sichtbaren Merkmale werden erfasst und bewertet. Aufgrund von Erfahrungen lassen sich auch Rückschlüsse auf das Bauteilinnere ziehen, wobei jedoch schnell die Grenzen des Möglichen erreicht werden. Genauere Informationen liefern Mauerwerksfreilegungen und Kernbohrungen, wobei es sich um zerstörende Eingriffe handelt, die nur lokal Aufschluss geben können. Selbst deren richtige Positionierung ist nicht einfach.

Aufgrund der Notwendigkeit zur Substanz schonenden Erkundung wurden in den letzten dreißig Jahren viele zerstörungsfreie Untersuchungsmethoden erforscht und entwickelt. Diese ermöglichen, ausgehend von flächenhaften Erkundungen, die Lokalisation von Strukturen und Anomalien im Bauwerk bzw. Bauteil. Die im Inneren georteten Anomalien können dann ganz gezielt punktuell untersucht und bewertet werden. Auch dazu können wieder zerstörungsfreie oder alternativ zerstörende Methoden eingesetzt werden. Zerstörende Eingriffe erfolgen jedoch gezielt und im Ausmaß reduziert auf das nur wirklich Notwendige.

Leistungsfähige und zuverlässige zerstörungsfreie und zerstörungsarme Untersuchungsmethoden sind für eine vollständige Bestands- und Zustandserfassung im Rahmen der Anamnese unerlässlich. Dies bedeutet zwar einen Mehraufwand, der aber durch eine deutlich höhere Aussagefähigkeit in vielen Fällen gerechtfertigt ist. Ergänzt werden müssen die mit diesen Methoden gewonnenen Erkenntnisse mit gezielten Materialentnahmen und Laboruntersuchungen. Nicht zuletzt tragen auch baugeschichtliche Erkenntnisse zum erfolgreichen Einsatz bei.

Erste Forschungs- und Entwicklungsarbeiten für die Erkundungen an altem Mauerwerk und Natursteinen begannen bereits 1985 im Rahmen des Sonderforschungsbereichs 315 „Erhalten historischer Bauwerke – Baugefüge, Konstruktionen, Werkstoffe" an der Universität Karlsruhe. Seit mehr als 10 Jahren werden diese jetzt erfolgreich in der Praxis eingesetzt und auch weiterentwickelt. Nicht zu unterschätzen ist dabei der im Laufe der Jahre gewonnene Erfahrungsschatz durch die Arbeit an den untersuchten Objekten. Das Lernen am Bauwerk und bei jedem neuem Projekt spielt eine enorm große Rolle für die Qualität, Sicherheit und Zuverlässigkeit bei der Dateninterpretation und -bewertung. Dieser Prozess hört nie auf.

Die Praxis hat gezeigt, dass sich in den meisten Fällen die Anwendung des Radarverfahrens anbietet, das meist flächendeckend eingesetzt wird. Ergänzend stehen noch die Verfahren Widerstandselektrik, Ultraschall und Mikroseismik zur Verfügung.

Die erfolgreiche Anwendung dieser Verfahren liefert einen erheblichen Beitrag zur zuverlässigen Ermittlung der Schadensursachen. Das Tragverhalten, die Tragfähigkeit und -sicherheit sowie die Gebrauchsfähigkeit eines Bauteils können zuverlässiger beurteilt werden. Es ist dadurch möglich, die Erhaltungs- und Sanierungsmaßnahmen an den vorhandenen Baubestand anzupassen. Unnötige Öffnungen und Zerstörungen können entfallen. Falsche, überflüssige und Substanz schädigende Maßnahmen zur Sicherung, Instandsetzung oder Umnutzung historischer Bauwerke können vermieden werden. Erforderliche Eingriffe oder bauliche Veränderungen bei Instandsetzungsmaßnahmen können gezielt und an den Bestand angepasst ausgeführt oder sogar vermieden werden. Es können beispielsweise Entscheidungen über den Verbleib eines Bauteils am Originalplatz getroffen werden. Ebenso lässt sich mittels genauer Wiederholungsmessungen über einen längeren Zeitraum der Fortschritt von Verwitterungen oder anderen Schädigungen bewerten.

Eine fundierte und frühzeitige Planung ist möglich, was sich nicht nur in den Kosten widerspiegelt. Die zusätzlichen Kosten für umfassende Voruntersuchungen können aufgrund einer sorgfältigen Planung und an den Bestand angepassten Erhaltung, Sanierung und Nutzung egalisiert werden.

Auch für die Erfolgskontrolle von Erhaltungsmaßnahmen wie zum Beispiel Verpressarbeiten an Hohlräumen und Rissen können diese Verfahren eingesetzt werden.

Der erzielbare Nutzen liegt sowohl im denkmalpflegerischen Bereich als auch im wirtschaftlichen.

Aufgrund der erreichten hohen Leistungsfähigkeit und Flexibilität dieser Technik können in vertretbarer Zeit große Flächen erkundet und bewertet werden.

Aber auch hier muss verantwortungsvoll mit vorhandenen Ressourcen umgegangen werden. So ist der mögliche Erkundungserfolg und der Untersuchungs- und Bewertungsaufwand gründlich abzuschätzen und realistisch zu bewerten. Nicht die maximal mögliche erfassbare Datenmenge bestimmt die Qualität der Ergebnisse und den Erfolg der Untersuchungen. Vielmehr sind im Vorfeld Untersuchungskonzepte zu entwickeln, die sich am Bestand und der Fragestellung orientieren. Das Verhältnis zwischen Aufwand und Ergebnis ist sorgfältig abzuwägen. Die erreichbare Qualität der Ergebnisse und deren Zuverlässigkeit müssen in einem vertretbaren Verhältnis zu den Untersuchungskosten stehen. Manchmal ist es auch erforderlich, dass zerstörungsfreie Verfahren einander ergänzend eingesetzt oder objektspezifisch gerätetechnische Anpassungen notwendig werden.

Eine interdisziplinäre Zusammenarbeit erfahrener Spezialisten steht für eine sachkundige Auswahl der Verfahren, eine professionelle Anwendung und Auswertung unter Berücksichtigung des Kosten-Nutzen-Verhältnisses.

Einsatzmöglichkeiten von Radar 2.1

Die Fragestellungen an historischen Mauerwerksbauten sind denen aus den Boden- und Baugrunduntersuchungen ähnlich. Auch hier müssen Hohlräume, Materialveränderungen, Einlagerungen und physikalische Kennwerte bestimmt werden. So können Wände beispielsweise als ein Bauteil homogen durchgemauert sein oder aus mehreren Einzelbestandteilen, bezeichnet als Schalen, bestehen. Die mögliche Anzahl und Qualität der einzelnen Schalen kann ebenso vielfältig sein wie deren Verbindung miteinander.

Insbesondere die nicht unmittelbar sichtbare Innenfüllung mehrschaliger Konstruktionen kann in ihrer Art und Festigkeit sowohl innerhalb eines Bauteiles als auch von Bauwerk zu Bauwerk erheblich variieren. Die Innenfüllung kann guter Qualität und somit selbsttragend sein, sie kann aber auch aufgrund fehlender oder eingeschränkter eigener Standfestigkeit die beiden Außenwände zusätzlich zu anderen Beanspruchungen belasten. Prinzipiell ist es schwer, ohne weitere Untersuchungen eine alte Wand zu definieren, zu beschreiben und deren Tragfähigkeit abzuschätzen. Dazu kann beispielsweise das Radarverfahren eingesetzt werden.

Weitere Einsatzgebiete sind:
- Untersuchungen zum Feuchte- und Versalzungszustand und deren Ausdehnung
- Untersuchungen zu Bauteildicken und Konstruktionen wie Wand-, Decken- und Stützenaufbau
- Suche nach metallischen Verbindungsmitteln wie Anker, Dübel, Steinklammern
- Hohlraumsuche, Angabe von Größe und Ausdehnung
- Angaben zum Erfolg von Verpressarbeiten
- Dicke von Steinen
- Verzahnung von Steinen in das angrenzende Mauerwerk.

2.2 Einsatzmöglichkeiten von Ultraschall und Mikroseismik

Ultraschallverfahren und Mikroseismik können zur Feststellung und Beurteilung mechanischer Materialeigenschaften herangezogen werden. Typische Fragestellungen sind beispielsweise:
- die Beurteilung des Verwitterungszustandes von Natursteinen
- die Einordnung bzgl. der Festigkeit von Naturstein und Beton
- der Verlauf und die Tiefe von Rissen
- verborgene Schalenablösungen
- Risse
- Einlagerungen, Schichtungen innerhalb von Steinen.

2.3 Zerstörungsarme indirekte Untersuchungsmethode

Indirekte zerstörungsfreie Untersuchungsverfahren sind Methoden, mit denen physikalische Größen ohne Eingriffe in die Bausubstanz ermittelt werden. Dazu zählen u. a. die Verfahren Georadar, Seismik und Ultraschall, Widerstandselektrik und Elektromagnetik, die in der Geophysik beheimatet sind. Üblicherweise werden diese zu Boden- und Baugrunduntersuchungen eingesetzt, um Rohstoffe, Wasser, Schichtungen, Hohlräume, Altlasten u. a. zu suchen. Des Weiteren können damit physikalische Kennwerte wie dynamische Verformungsmodule, Dichte, elektrische Leitfähigkeit, Dielektrizität u. a. bestimmt werden.

Die mit diesen Verfahren gemessenen physikalischen Größen wie beispielsweise Wellengeschwindigkeit, Amplitudenstärken, Absorption und Reflexionsstärken müssen entsprechend dem Untersuchungsziel ausgewertet und interpretiert werden. Aufgrund langjähriger Erfahrungen aus Forschung und Praxis können inzwischen die am Bauwerk aufgezeichneten Messdaten zuverlässig interpretiert und bewertet werden. Ergänzend kann auch eine Kombination mehrerer geophysikalischer Verfahren erforderlich werden.

Sind jedoch genaue Aussagen zu den gemessenen Phänomenen und deren Interpretation notwendig, müssen Materialproben entnommen werden bzw. Bauteilöffnungen erfolgen. Die Positionierung dieser Kalibrierungsstellen erfolgt aber auf der Basis der Ergebnisse aus den zerstörungsfreien, meist flächigen Untersuchungen. Diese Bereiche können ganz gezielt ausgewählt werden. Dabei können die Größe und Anzahl der Öffnungen und Eingriffe minimiert werden.

Wird der Einsatz der zerstörungsfreien geophysikalischen Verfahren mit zerstörenden Verfahren wie Bauteilöffnungen, Bohrungen, dem Anlegen von Schürfen usw. kombiniert, sprich man von zerstörungsarmen Verfahren.

Diese Untersuchungsmethode wird im Bauwesen zunehmend eingesetzt. Im Stahlbetonbau können beispielsweise Verdichtungsmängel, Bewehrungslage und Bewehrungsverlauf sowie Undichtigkeiten lokalisiert werden. Für großflächige Untersuchungen zum Zustand und Aufbau des historischen Mauerwerks hat sich insbesondere das Radarverfahren etabliert. Seismische Verfahren und Ultraschallverfahren lassen Aussagen zur Materialqualität und der Verwitterung zu.

Der erfolgreiche Einsatz dieser indirekten zerstörungsarmen Verfahren, also der Kombination von geophysikalischen Verfahren mit Bauteilöffnungen, ist von deren sachkundiger Auswahl und professioneller Anwendung abhängig. Dabei müssen neben dem zu untersuchenden Objekt und den Untersuchungszielen die Verfahrenscharakteristiken berücksichtigt werden. Eine interdisziplinäre Zusammenarbeit von auf diesem Spezialgebiet erfahrenen Geophysikern und dem Bauingenieur ist unerlässlich. Bei großen und wertvollen Bauten ist oftmals sogar ein Team von Fachleuten erforderlich. Dabei ist der sich einander ergänzende Einbezug von Wissenschaftlern und Praktikern notwendig.

Der Erfolg der Anwendung einzelner oder mehrerer direkter und indirekter Verfahren ergibt sich manchmal erst auf der Basis von gemeinsamen Überlegungen zwischen Bauherrn, Architekt, Tragwerksplaner und Denkmalpfleger und dem Spezialisten für diese Untersuchungsverfahren. Dabei ist es unabdingbar, die Wünsche und Forderungen des Auftraggebers bezüglich der Art und Qualität der Ergebnisse mit den Möglichkeiten der jeweiligen Verfahren realistisch zu überprüfen. Auch muss die Fragestellung so präzise wie möglich formuliert werden.

2.4 Herangehensweise bei der Beurteilung alter Bausubstanz

Die Beurteilung alter Bausubstanz kann anhand der nachstehenden Systematik erfolgen, womit aber kein Anspruch auf Vollständigkeit besteht. Bei jedem Bauwerk oder Bauteil müssen immer wieder die speziellen Randbedingungen und örtlichen Gegebenheiten analysiert und bewertet werden. Prinzipiell müssen die Erkundungen am gesamten Bauwerk und den vorhandenen örtlichen Randbedingungen beginnen und dann bis zu Untersuchungen an einzelnen Details oder Baustoffen fortgeführt werden.

Bei den in der Tabelle 2.1 zusammengestellten Kriterien können nicht alle visuell durch Beobachtungen vor Ort erfasst werden. Auf deren Basis kann jedoch ein weiterführendes Erkundungskonzept erarbeitet werden. Dabei handelt es sich zum einen um zerstörende Eingriffe wie Ausbrüche, Bauteilöffnungen oder Bohrkernentnahmen. Diese Techniken beeinträchtigen und gefährden bzw. zerstören häufig die originale Substanz. Zum anderen werden zerstörungsfreie und zerstörungsarme Untersuchungsverfahren eingesetzt.

Tabelle 2.1: Systematik zur Beurteilung historischer Bauwerke

	Kriterien	Erkundungsmöglichkeiten	
Gesamtbauwerk wie Brücken, Kirchen, Burgen, Schlösser, Wohn- und Gesellschaftshäuser, Stadtbefestigungen	Nutzung vorher, nachher, frühere Reparaturen, An- und Umbauten, Bauteilverbund (Trennrisse), Setzungen, Feuchtigkeit, Bewuchs, Abdichtung, Wasserführung der Umgebung	Beurteilung der Erhaltungswürdigkeit und der Erhaltungsfähigkeit, Quellenstudium zur Baugeschichte, Feststellung des Zeugniswertes, Erstellung von Gutachten, Plänen und Fotodokumentationen	zerstörungsfrei
Bauteile wie Mauern, Bögen, Pfeiler, Widerlager, Füllungen, Gewölbe, Decken	Bauteilabmessungen, Deformationen, Risse und Rissveränderungen, Querschnittsverluste, Wandaufbau und -stärken, Schalenablösungen, verwendete Baustoffe	Visuelle Verfahren, Bauaufnahme, Einsatz von zerstörungsfreien Erkundungsverfahren zur Untersuchung *großer Flächen* und Bauteile	zerstörungsfrei
Mauerwerksgefüge	Mauerwerksverband und -typ, Fugenzustand, Ausführungsqualität, Hohlräume, Kanäle, metallische Einlagerungen, Holzanker, Verpressmörtel, Feuchte- und Salzbelastungen	Visuelle Verfahren, Einsatz von zerstörungsfreien Erkundungsverfahren zur *detaillierten* Untersuchung an ausgewählten kleinen Flächen und Bauteilen auf der Basis bereits vorhandener Informationen, gezielte Sondagen	zerstörungsfrei und zerstörend
Baumaterialien wie Naturstein, Ziegel, Mörtel, Beton, Holz, Eisen, Stahl	Gefügezusammensetzung und -zustand, Festigkeiten und Verformungseigenschaften, Salz- und Feuchtegehalte, hygrische Eigenschaften, Dichte	Detailuntersuchungen an Sondagen und Materialproben beispielsweise Bohrkernen, gezielte Auswahl und minimierte Anzahl von Beprobungsstellen, ergänzt durch visuelle Verfahren wie Endoskopie, Labormethoden	zerstörungsfrei und zerstörend

Herangehensweise beim Einsatz zerstörungsfreier Untersuchungsverfahren 2.5

Prinzipiell muss vor jeder Bauwerksuntersuchung mit indirekten Erkundungsverfahren ein Untersuchungskonzept erarbeitet werden. Dabei sind in interdisziplinärer Zusammenarbeit und in Absprache die Erkundungsziele bzw. offenen Fragen, die örtlichen Gegebenheiten und die Erfolgschancen realistisch abzuklären und abzustimmen. Der zu erwartende Kostenrahmen ist hinzuziehen. Bereits vorliegende Erkenntnisse, Bauaufnahmen, Gutachten und andere aussagekräftige Unterlagen müssen zur Verfügung gestellt werden.

Idealerweise erfolgt dies in einer Konstellation von Auftraggeber bzw. Eigentümer, vertreten z. B. durch einen Architekten oder Planer, und auf diesem Fachgebiet erfahrenen und spezialisierten Fachingenieuren.

Dadurch können der Untersuchungsaufwand, die zu erwartende Genauigkeit und Zuverlässigkeit der Ergebnisse bereits im Planungsstadium solide abgeschätzt und eingegrenzt werden. Nicht alle Fragestellungen können zuverlässig mit zerstörungsfreien Verfahren bearbeitet werden. Hier liegt es in der Verantwortung der Spezialisten, die Erfolgschancen und Grenzen der Erkundungsverfahren realistisch abzuschätzen und ggf. auch von zerstörungsfreien Untersuchungen abzuraten.

Für die erfolgreiche Anwendung indirekter zerstörungsfreier Untersuchungsverfahren sind mindestens folgende Punkte abzuklären:

1. Formulierung einer klaren Fragestellung, eines Untersuchungszieles als Ausgangspunkt.
2. Auswahl der relevanten Verfahren unter Berücksichtigung folgender Aspekte:
   – Können die Fragestellungen des Auftraggebers mit zerstörungsfreien Verfahren zuverlässig bearbeitet werden?
   – Können die Ergebnisse mit einer ausreichenden Genauigkeit geliefert werden?
   – Sind ergänzende Kalibrierungen erforderlich und wenn ja, in welchem Umfang?
   – Gibt es bereits Bauteilöffnungen, an denen die Ergebnisse der indirekten Verfahren kalibriert werden können?
   – Wie ist die Zugänglichkeit?
   – Wird ein Gerüst gestellt oder kann über einen Hubsteiger gearbeitet werden?
   – Wie sind die Oberflächen beschaffen?

- Müssen die Oberflächen wegen Bemalungen o.Ä. geschützt werden?
- Gibt es bauliche Besonderheiten wie Ornamentik, Vorsprünge oder Konsolen, die den Messablauf beeinträchtigen, und wie stark kann eine Beeinträchtigung sein?
- Muss auf die Witterung Rücksicht genommen werden?
- Sind Beeinträchtigungen während der Messwertaufnahme zu erwarten?

3. Kalkulation der zerstörungsfreien Untersuchungen
   - Ist der technische und finanzielle Aufwand im Vergleich mit anderen Verfahren und Untersuchungsmethoden vertretbar?
   - Berücksichtigung zusätzlicher Kosten für Gerüste oder Hubsteiger.

Die Größe der Untersuchungsflächen und das zu wählende Messraster richten sich zunächst nach der Fragestellung. Sie spiegeln sich aber direkt in dem Untersuchungsaufwand und den Kosten wider. Hier ist es besonders wichtig, dass der in der Regel mit diesen Methoden unerfahrene Bauherr oder Architekt/Planer eine gute Beratung durch die ausführenden Firmen erhält. Das Gesamtobjekt, die Schadenssituation und die Untersuchungsziele müssen von fachkundigen Spezialisten betrachtet und bewertet werden. Dadurch kann ein Messkonzept erstellt werden, bei dem der Messaufwand und die Untersuchungskosten in einem vertretbaren Verhältnis stehen. So kann es durchaus ausreichend sein, dass schadhafte Bauteile nicht vollflächig, sondern nur an wichtigen, aber typischen Bereichen exemplarisch untersucht werden. Die dort erhaltenen Informationen können ggf. auf umliegende Bereiche übertragen werden.

Müssen zum Beispiel große Wandflächen bearbeitet werden, kann auch eine zweistufige Vorgehensweise sinnvoll sein. In einem ersten Schritt wird der Überblick über den Zustand im Messgebiet erarbeitet, dargestellt und ausgewertet. In einem zweiten Schritt können dann an ausgewählten kleineren Stellen detaillierte Fragestellungen bearbeitet werden. Diese Vorgehensweise wird am Beispiel der katholischen Pfarrkirche in Niedersonthofen im Abschnitt 4.1 vorgestellt.

Ein möglichst exakt an den Bestand angepasstes Untersuchungskonzept ermöglicht den gezielten und fokussierten Einsatz finanzieller und personeller Mittel.

Eine erste Plausibilitäts- und Erfolgskontrolle der Messdaten sollte immer bereits vor Ort erfolgen. Die wirklich vorhandenen Messbedingungen zeichnen sich erst an der Baustelle ab. Es besteht dann die Möglichkeit, die Geräte oder das Messkonzept ggf. noch zu verändern oder anzupassen. Die Erfolgsaussichten sollten am Beginn jeder Messung anhand erster Datensätze nochmals realistisch beurteilt werden. Eine wider Erwarten nicht erfolgversprechende Untersuchung muss dann in Abstimmung mit dem Auftraggeber abgebrochen werden.

Zu den wichtigsten Entscheidungen vor Ort zählen neben der Geräteauswahl die Wahl der Lage, des Verlaufs der Messprofile und deren Abstand zueinander. Vergleichende Untersuchungen haben ergeben, dass beim Radarverfahren meist nur eine Messrichtung ausreichend ist. Somit werden die Bauteile je nach Zugänglichkeit entweder in einem vertikal oder in einem horizontal verlaufenden Messraster untersucht. Mit dem Abstand der Messprofile untereinander wird neben dem Messerfolg auch die Genauigkeit bestimmt. Messprofile in einem Abstand von 50 cm und größer dienen dazu, einen groben Überblick über ein Bauteil zu erhalten. Genauere Informationen sind bei Profilabständen < 30 cm zu erzielen. Der Abstand der Messprofile wird anhand der Fragestellung, der erforderlichen Genauigkeit, der verwendeten Geräte und nicht zuletzt auf der Basis des zur Verfügung stehenden Kosten- und Zeitrahmens bestimmt.

Nicht die größtmögliche Anzahl von erfassten Daten und Profilen bestimmt die Qualität und den Erfolg der Untersuchungen, sondern die sorgfältige Auswahl und Ausführung von Geräten, Untersuchungen und Auswertungen.

In der Praxis hat sich gezeigt, dass es sinnvoll ist, für die Untersuchungsbereiche ein Koordinatensystem zu verwenden. Dessen Ursprung sollte auf einen Festpunkt und markante Stellen am Bauwerk bezogen werden und in Pläne oder Skizzen der Messfläche übertragen werden können. Die Ergebnisse lassen sich dann später gut zuordnen und können auch von anderen Beteiligten genutzt werden. Dessen Auswahl erfolgt immer objektbezogen (Bilder 2.1 bis 2.4).

Bild 2.1 und Bild 2.2: Radarmessungen von einem Gerüst oder Hubsteiger. Die Messprofile verlaufen entlang eines objektbezogenen Koordinatensystems.

Bild 2.3 und Bild 2.4: Vor Ort muss immer eine Plausibilitätskontrolle erfolgen.

Anforderungen an die Messdatenbewertung

Liegen bereits Planunterlagen oder technische Gutachten vor, ist es immer angeraten, diese für die Vorbereitung der Messungen, die Auswertung, Interpretation und Dokumentation der Daten heranzuziehen. Es hat sich im Laufe der Jahre etabliert, dass die Untersuchungsergebnisse in Ansichtspläne oder Schnitte eingetragen und bewertet werden. Die gefundenen Strukturen können somit sehr anschaulich in deren Position, Größe und Ausbreitung bildlich dargestellt und in Bezug zu bereits vorhandenen Informationen gesetzt werden.

Des Weiteren müssen in einem kurzen Bericht die wichtigsten Informationen zur durchgeführten Messung und Bewertung nachvollziehbar dokumentiert und erläutert werden.

Dazu gehören:
- eine kurze Beschreibung der eingesetzten Verfahren
- Angaben zu den verwendeten Mess- und Auswerteparametern
- die Darstellung der Messbereiche und Koordinaten
- beispielhafte Datensätze.

Die Ergebnisse müssen:
- in deren Position und Tiefenlage am Bauwerk dargestellt werden
- Angaben zur Zuverlässigkeit und Genauigkeit enthalten
- hinsichtlich Messdaten angesprochen, interpretiert und bewertet werden
- mögliche Fehlerquellen und deren Ursachen sowie Beeinträchtigungen auf die Messdatenqualität angeben.

Unsicherheiten und die Grenzen der Genauigkeiten sollten immer erwähnt und bewertet werden. Dies bedeutet nicht zwangsläufig ein Unvermögen der Technik oder der Ausführenden, sondern ist vielmehr durch die örtliche Situation und die Randbedingungen der Messung bestimmt. Von allen Beteiligten sollte immer bedacht werden, dass es sich um indirekte Erkundungsverfahren handelt, bei denen physikalische Parameter gemessen und erfasst werden, die zunächst ohne kalibrierende und zerstörende Eingriffe anhand von Erfahrungen interpretiert und bewertet werden.

Als Endergebnis liegt ein Gutachten vor, das für andere Fachingenieure und Spezialisten dann verständliche und weiter nutzbare Informationen enthält. In der Praxis hat es sich gezeigt, dass es von Vorteil sein kann, wenn die Erkenntnisse aus den zerstörungsfreien Untersuchungen anderen am Objekt beteiligten Fachgruppen zur Diskussion gestellt werden. Manche offene Frage in der Dateninterpretation kann u. U. auch unter Hinzuziehung eines Bauforschers oder Historikers zerstörungsfrei beantwortet werden, oder es ergibt sich die Notwendigkeit, ergänzende auf bisherige Ergebnisse aufbauende zerstörungsfreie Untersuchungen anzuschließen.

Kalibrierung und Bewertung der Messdaten 2.6

Die gemessenen physikalischen Werte und Phänomene müssen in Bezug gebracht werden zu den gewünschten bautechnischen Informationen. Dies erfolgt zum einen auf der Basis von Erfahrungen möglichst in Zusammenarbeit von Bauingenieur und Geophysiker.

Die verwendeten Geräte und Verfahren sowie die Lage und Dichte der Messprofile erlauben es, die sich darstellenden Phänomene anhand von Erfahrungen und Kenntnissen über die Baukonstruktion zu bewerten und zu interpretieren. Kann dies mit ausreichender Zuverlässigkeit und Genauigkeit erfolgen, bleiben die Untersuchungen zerstörungsfrei. Dies ist inzwischen in sehr vielen Fällen möglich.

Zum anderen können auf der Basis der Messdaten und in Abstimmung mit den anderen Beteiligten, insbesondere mit dem Denkmalpfleger, ergänzend einige gezielte Kalibrierungsöffnungen und Sondagen durchgeführt werden. Schürfen sind bei Baugrunduntersuchungen oder der Beurteilung von Fundamenten angebracht. Für Kalibrierungen an Mauerwerkswänden werden kleine Spiralbohrungen, die Entnahme von Kernbohrungen oder in Einzelfällen das Ausstemmen von Steinen und Mörtel ausgeführt.

Die Bohrkernentnahme hat den Vorteil, dass am Kern unmittelbar Material und Gefüge über die Bauteiltiefe ablesbar sind. Diese können prinzipiell als Nass- oder Trockenbohrungen unterschiedlicher Durchmesser erfolgen. Bei Nassbohrungen ist immer der mögliche Schaden durch die Wasserspülung am Bauwerk zu berücksichtigen und abzuschätzen. Es bietet sich dann an, die vorhandenen Bohrlöcher für weiterführende endoskopische Untersuchungen zu nutzen (Bilder 2.5 bis 2.7).

Bild 2.5: Zur Bohrkernentnahme wird die Maschine an die Wand gedübelt.

Bild 2.7: Druckfestigkeitsprüfung eines Bohrkerns

Bild 2.6: Am Bohrkern müssen die Entnahmerichtung und die Lage in der Wand markiert werden.

Es ist sinnvoll, die Bohrdurchmesser auf mögliche ergänzende Materialuntersuchungen im Labor abzustimmen. Anhand von Bohrmehl kann eine Salzanalyse erfolgen. Bohrkerne ermöglichen Festigkeitsuntersuchungen und die Bestimmung von Verformungsmodulen.

Für eine gute Aussagekraft muss jedoch eine ausreichende Anzahl an Proben zur Verfügung stehen. Anzustreben sind mindestens fünf prüffähige Proben. Deren Verteilung am Objekt oder Bauteil muss auf die vorliegenden Erkenntnisse abgestimmt sein. In der Regel interessiert eine Bauteilfestigkeit, d.h., dass die Proben in einem eng begrenzten Bereich zu entnehmen sind.

Als Bohrkerndurchmesser werden für Vollziegel Durchmesser von etwa 30 mm und für Naturstein Durchmesser von etwa 50 mm empfohlen. Die Schlankheit der Bohrkerne sollte möglichst h/d mindestens 1,5 betragen (h Höhe, d Durchmesser). Dadurch wird eine annähernd einachsige Steindruckfestigkeit bestimmt. Bei gedrungenen Bohrkernen ($h/d < 1,5$) sollten die Druckfestigkeiten aus Gründen der Vergleichbarkeit mit Formfaktoren beaufschlagt werden. Für die Bestimmung der Spaltzugfestigkeit ist ein Bohrkern aus Ziegel oder Naturstein mit Durchmesser 50 mm und einer Länge von ≤ 50 mm erforderlich (Bilder 2.5 bis 2.7).

Um die Druckfestigkeit der Innenfüllung mehrschaligen Mauerwerks zu prüfen, sind prüffähige Bohrkerne mit einem Durchmesser von 100 mm erforderlich. Die Entnahme geeigneter Kerne gestaltet sich oft als sehr schwierig bzw. als unmöglich. Es ist abzuwägen, ob auf die Hilfe indirekter Verfahren wie der Mikroseismik zurückzugreifen ist. Anhand der Geschwindigkeit mechanischer Wellen kann zumindest eine subjektive und qualitative Abschätzung erfolgen.

Wichtig ist, dass neben einer guten Dokumentation der Probentnahmestellen hinsichtlich Lage und Richtung diese auch sorgfältig verpackt werden. Durch Transport und Lagerung dürfen sich die Stoffkennwerte nicht verändern. Im Labor können dann Ultraschallgeschwindigkeiten, Materialfestigkeiten, Feuchtegehalte, Sättigungsfeuchte, Ausgleichsfeuchte, Salzart und Salzkonzentration usw. bestimmt werden.

Anforderungen an Ausführende 2.7

Untersuchungen mit geophysikalischen Verfahren bieten auf diesem Gebiet tätige Firmen und Institutionen an. Bei deren Auswahl sind für erfolgreiche Untersuchungen an Bauwerken folgende Kriterien zu berücksichtigen:

- Entsprechen die Messgeräte und die Auswertesoftware dem aktuellen Stand der Technik?

- Steht eine ausreichende Anzahl an modernen Messgeräten zur Verfügung?
- Können damit unterschiedliche Bauteiltiefen und Genauigkeiten erreicht werden?
- Liegen ausreichend Erfahrungen auf dem Gebiet der Bauwerksdiagnostik in der Praxis vor?
- Wie erfolgt die Darstellung der Untersuchungsergebnisse? Sind diese für Architekten und Ingenieure verständlich und nutzbar?
- Welche Erkundungsziele konnten bereits zuverlässig und mit vertretbarem Aufwand bearbeitet werden?
- Können entsprechende Referenzobjekte benannt werden?
- Die Messwertaufnahme und Auswertung sollte idealerweise aus einer Hand erfolgen.

Differenzen in der Angebotssumme sollten nicht als Entscheidungsgrundlage für die Auswahl eines Anbieters dienen. Hier sind vielmehr Erfahrungen und Referenzen zu gewichten.

Verfahrensbeschreibungen 3
Das Radarverfahren 3.1

Das Radarverfahren wird zur Bestimmung von Strukturen oder zur Objektdetektion im Untergrund und am Bauwerk eingesetzt. Es basiert auf der Ausbreitung elektromagnetischer Wellen in einem Medium. Die aktive Aussendung der elektromagnetrischen Wellen erfolgt meist in Form von Impulsen mit Dominanzfrequenzen im Bereich von ca. 20 MHz bis 2 GHz über eine auf der Oberfläche platzierte Sende- und Empfangseinheit. Diese Sende- und Empfangseinheiten werden am Bauwerk manuell geführt. Mittels Laufrad erfolgt eine örtliche Zuordnung der Daten je Messprofil. Idealerweise wird auf den Untersuchungsflächen ein Koordinatensystem angelegt. Der Nullpunkt ist ein markanter Punkt am Rand der Messfläche. Vergleichende Messungen haben ergeben, dass, bis auf Sonderfälle, die Untersuchungsfläche nur vertikal oder horizontal abgefahren werden muss, was zu einer deutlichen Zeit- und Kostenersparnis führt. Die Auswahl der Messrichtung ist von den Erkundungszielen und der Zugänglichkeit abhängig.

Die in das Bauteil eingebrachten elektromagnetischen Wellen durchlaufen die mineralischen Baustoffe des Untersuchungsfeldes mit einer stoffspezifischen Ausbreitungsgeschwindigkeit v. Neben der elektrischen Leitfähigkeit ist die Ausbreitungsgeschwindigkeit v vor allem von der Dielektrizitätszahl ε des Materials abhängig. Die Dielektrizitätszahl ε von Luft ist 1, die von trockenen mineralischen Stoffen ca. 4 bis 8 und die von Wasser ca. 80. Der Wassergehalt beeinflusst die Geschwindigkeit der elektromagnetischen Wellen maßgebend. Die Wellengeschwindigkeit verringert sich mit zunehmendem Wassergehalt. Weiterhin wird durch erhöhten Wasser- und Salzgehalt auch die Signalabsorption erhöht, was eine Reduzierung der Signaleindringtiefe (Reichweite) in das Untersuchungsmedium bewirkt.

Beim Fortschreiten im Baustoff und Bauteil werden die elektromagnetischen Wellen nach den Gesetzen der Optik durch Divergenz, Brechung, Reflexion, Streuung und Absorption geschwächt. Beim Übergang von einem Material in ein anderes mit abweichenden elektrischen Eigenschaften wird ein Teil der einfallenden Wellen gebrochen, während der verbleibende Anteil an der Grenzfläche reflektiert wird. Der Kontrast der Dielektrizitätszahlen sowie der Leitfähigkeit benachbarter Materialien bestimmt im Wesentlichen das Reflexionsvermögen der Trennflächen. An metallischen Stoffen kommt es zur Totalreflexion.

Die Radardaten werden zunächst in Form von Radargrammen rechentechnisch erfasst. Die Radarsignale werden in sehr dichter Folge gesendet und empfangen, sodass die Messung entlang der Messlinie quasi als kontinuierlich bezeichnet werden kann. In Abhängigkeit der Laufzeit wird die Signalamplitude registriert und grauwert- oder farbcodiert dargestellt. Durch das Aneinanderreihen einzelner Signalspuren erhält man ein Diagramm, bezeichnet als Radargramm, in dem die Entfernung entlang der Messlinie über die Laufzeit aufgetragen ist. Dabei handelt es sich um sogenannte Tiefenschnitte senkrecht zur Oberfläche (Bild 3.1) entsprechend dem Messprofil am Bauwerk. Hier können die reflektierenden Strukturen wie z.B. Schichtgrenzen, Leitungen und Dübel aufgrund mehr oder weniger starker Signale und typischer Diffraktionen erkannt werden.

Durch Datenverarbeitungsschritte im Büro können unter Umständen die Qualität der Messdaten und die Güte der Darstellung erhöht werden. Prinzipiell erfolgen eine Maßstabsentzerrung sowie die Umwandlung der Laufzeit- in Tiefenangaben. Zu den weiteren Datenverarbeitungsschritten zählen u.a. die Verbesserung des Signal-Rausch-Verhältnisses sowie die Hervorhebung erwünschter Signale und die Unterdrückung unerwünschter Signale. Dafür werden u.a. zeit- und ortsabhängige Filterungen, Amplitudenregelungen, Stapelroutinen, Migrationsprozeduren u.a. herangezogen. Dies sind verfeinerte Datenverarbeitungsschritte, die einen erhöhten Aufwand bezüglich Zeit und Kosten bedeuten und nur bei speziellen Problemstellungen sinnvoll sind.

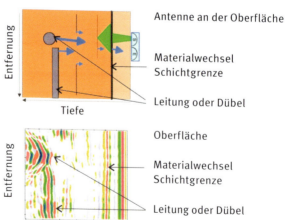

Bild 3.1: Reflexionsanordnung, beispielhaftes Radargramm als Tiefenschnitt, typische Reflexionen bei Materialwechsel, Leitungen, Rissen, Dübeln oder Kanälen

Weiterführende spezielle Datenverarbeitung

Wird ein Untersuchungsobjekt flächig untersucht und liegt eine ausreichende Anzahl an parallel nebeneinander liegenden Radargrammen vor, kann aus diesen ein räumliches Tiefenbild, bezeichnet als Zeitscheibe, berechnet werden. Die Radargramme müssen dafür in einem möglichst geringen und gleichen Abstand zueinander aufgezeichnet werden. Deren Abstand und Anzahl bestimmt die Genauigkeit und Auflösung.

Die Tiefenlage einer solchen Zeitscheibe (Tiefenhorizont) wird entsprechend den Erkundungszielen objektbezogen festgelegt, ebenso die Anzahl der berechneten Zeitscheiben (Bild 3.2). In den Zeitscheiben werden Reflexionssignale zusammengefasst dargestellt, die in dem vorgegebenen Zeitintervall, das einer speziellen Bauteiltiefe entspricht, aufgenommen worden sind. Die Werte zwischen den einzelnen Radargrammen bzw. Messprofilen werden aufsummiert.

Solche Zeitscheiben sind grundrissähnliche Darstellungen bzw. Vertikalschnitte innerhalb eines Wandquerschnittes parallel zur Außenwand und lassen in der entsprechenden Bauteiltiefe die Verteilung von Reflexionsamplituden erkennen. Diese Reflexionsamplituden werden interpretiert und lassen Aussagen zu Strukturunterschieden in den gewählten Tiefenlagen zu.

Auch hierbei werden den Amplituden des Empfangssignals gemäß einer voreingestellten Kodierung Farben zugewiesen. So können diese Amplituden in Abhängigkeit der Laufzeit als Farbpunkte dargestellt werden und präsentieren die Daten in einer übersichtlichen und anschaulichen Form. Schwarze und dunkelblaue Farbtöne weisen auf ein homogenes, einheitliches und wenig reflektives Material hin.

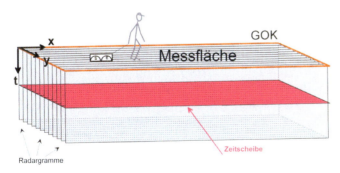

Bild 3.2: Modellhafte Darstellung des Zusammenhanges zwischen Radargrammen (Tiefenschnitt) und Radarzeitscheiben (Tiefenhorizont)

Rot, Gelb und Weißtöne zeigen hohe Signalreflexionen an, was Hinweise auf Materialunterschiede oder Hohlräume liefert.

Mit dieser Darstellungsweise als Tiefenhorizont können im Bauteil verborgene Strukturen zusammenhängend, übersichtlich und entsprechend ihrer Position und Ausdehnung gut abgebildet und in vorhandene Grundrisse oder Ansichtspläne übernommen werden.

3.1.1 Reflexionsanordnung

Zur gängigsten Messanordnung gehört die Reflexionsanordnung wie in Bild 3.1 schematisch gezeigt ist. Vorteilhaft ist, dass die Bauteile nur von einer Seite zugänglich sein müssen. Die Zugänglichkeit bestimmt den Messfortschritt. Eine sehr schnelle Datenaufnahme erfolgt dann, wenn mittels eines Hubsteigers an der Bauwerksoberfläche entlanggefahren werden kann. Werden die zu untersuchenden Bereiche eingerüstet, sollte der Gerüstabstand mit der Dicke der zu verwendenden Radarantennen abgestimmt werden. Trotzdem kann ein zeitraubendes Umsetzen je Gerüstebene oft nicht verhindert werden. Zusätzlich erhöht sich etwas der Auswerteaufwand der Datensätze im Büro.

Bei dieser Messanordnung werden Reflexionen an Materialiengrenzen aufgrund deren unterschiedlicher Dielektrizität ε und elektrischer Leitfähigkeit σ erfasst. Die Wellengeschwindigkeit v ist u. a. von der Dielektrizitätszahl ε abhängig und wird näherungsweise nach der Gleichung

$$v = c/\sqrt{\varepsilon} \; (c = \text{Lichtgeschwindigkeit im Vakuum})$$

berechnet. In der Praxis wird die Wellengeschwindigkeit für trockene oder feuchte mineralische Baustoffe jedoch aus Zeit- und Kostengründen meistens als Erfahrungswert angenommen. Daraus wird dann der Abstand des Reflektors zur Bauteiloberfläche aus der Wellengeschwindigkeit v und der Laufzeit t des Signals berechnet.

Bei mineralischen Baustoffen liegen die Wellengeschwindigkeiten üblicherweise zwischen 0,11 m/ns und 0,15 m/ns. Aufgrund dessen, dass für die Wellengeschwindigkeit ein Erfahrungswert angenommen wird und diese tatsächlich nie konstant ist, sind die damit berechneten Reflektorenabstände mit einem Fehler behaftet. Es hat sich in der Praxis gezeigt, dass dieser Fehler nicht größer ist als $\pm 10\,\%$ der angegebenen Tiefe und sich somit meist in einem vertretbaren Rahmen hält.

Durch einen höheren Messaufwand kann diese Fehlergröße allerdings noch reduziert werden. Bereits bekannte Objekte und deren Tiefenlage zur Kalibrierung können herangezogen werden. Die mögliche erreichbare Genauigkeitsverbesserung und deren Auswirkungen sind aber im Vergleich mit dem zusätzlich erforderlichen finanziellen und zeitlichen Aufwand abzuwägen.

Transmissionsanordnung 3.1.2

Bei der Transmissionsanordnung befindet sich zwischen der Sendeantenne und der Empfangsantenne z. B. ein Körper des zu untersuchenden Baustoffes oder das Bauteil, beispielsweise eine Säule oder Wand. Die Bilder 3.3 und 3.4 zeigen solch eine Messung im Labor. Diese Anordnung wird eher für Spezialmessungen zur Bestimmung materialbezogener Wellengeschwindigkeiten bzw. der Dielektrizität und/oder der Signalabsorption herangezogen. Aus dem Ersteinsatz, der Laufzeit der ersten Signalauslenkung durch den Versuchskörper oder das Bauteil, wird bei bekannter Dicke die Wellengeschwindigkeit berechnet.

Am Bauwerk lassen sich qualitativ Feuchte- und Salzgehalte feststellen oder spezielle Strukturanalysen wie Tomografien durchführen. Bei Tomografieuntersuchungen handelt es sich um Transmissionsmessungen mit hochgradiger Überdeckung. Es lassen sich damit Geschwindigkeitsverteilungen in einem Querschnitt ermitteln. Dazu werden für alle Messpositionen die Länge der Laufwege und die Laufzeit der Welle bestimmt, wobei geradlinige Wellenpfade zugrunde gelegt werden. Vorgestellt wird dies am Beispiel der Regensburger Brücke in Abschnitt 5.1.

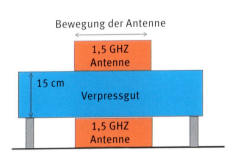

Bild 3.3: Prinzip der Transmissionsmessung

Bild 3.4: Transmissionsmessung an einem Acrylatgelkörper im Labor

3.1.3 Anwendung an Bauwerken

Struktur- und Zustandsuntersuchungen

Strukturuntersuchungen erfolgen i. Allg. auf der Basis von Reflexionen im untersuchten Querschnitt. Es wird hierbei die Stärke der Reflexionsamplituden betrachtet. Hohe Materialkontraste wirken reflektionsverstärkend. Unterschiedliche relative Dielektrizitätszahlen zwischen einer gemauerten Außenschale und einer hohlraumreichen Innenfüllung lassen erfolgreiche Messungen an mehrschaligem Mauerwerk zu. Ebenso können auf dieser Basis größere Hohlstellen und Schalenablösungen der Innenfüllung von den Außenschalen gefunden werden. Offene Risse lassen sich gut detektieren, ebenso hintereinander liegende Risse. Metalle zeichnen sich aufgrund der an ihnen erfolgenden Totalreflexion besonders deutlich ab. Dadurch können Ringanker und Steinklammern i. d. R. zuverlässig gefunden werden. Diese sind besonders deutlich in den Radargrammen und Zeitscheiben zu erkennen.

Feuchte- und Versalzungshorizonte

Stark durchfeuchtete Bereiche können dadurch erfasst und beurteilt werden, dass im Vergleich zu normal feuchten Bereichen eine deutlich geringere Wellengeschwindigkeit ermittelt wird. Bekannte Reflektoren wie z. B. Wandrückseiten zeichnen sich in feuchten Bereichen mit einer deutlich verlängerten Wellenlaufzeit in den Radargrammen ab, ohne dass die untersuchte Wand tatsächlich dicker ist. An dem Datenbeispiel des Objektes Fronhofer Kirche Wehingen wird dies im Abschnitt 4.2 dargestellt und erläutert. Quantitative Angaben zum Feuchtegehalt in einem Bauteil oder Baustoff können auch getroffen werden. Dafür muss aber eine Transmissionsmessung möglich sein. Kostengünstiger sind jedoch herkömmlichen Methoden der Probenentnahmen und Feuchtebestimmungen. Mit dem Radarverfahren kann jedoch das Ausmaß der Durchfeuchtung als Flächenangabe an einem Bauteil effektiv erfasst werden und als Basis für eine gezielte Feuchtebestimmung und Kalibrierung dienen.

Gelöste Salze absorbieren sehr stark die elektromagnetischen Wellen und in den Radargrammen zeichnen sich dadurch keinerlei Reflektoren ab. Folglich sind keine Strukturuntersuchungen in stark versalzenen Bereichen möglich. Allerdings lässt sich dadurch das Ausmaß der Versalzungen als Flächenangabe bestimmen. Zur Salzart- und -gehaltsbestimmung sind auch hier wieder die herkömmlichen Verfahren der Probenentnahme und Labormethoden erforderlich.

Radargeräte 3.1.4

Sende- und Empfangseinheiten befinden sich in einer Geräteeinheit (Bild 3.5). An der Bauteiloberfläche werden die zurückgelangenden Reflexionen von einer Empfangsantenne aufgenommen, registriert und später interpretiert. Eine erste Datenkontrolle erfolgt auf der Baustelle während der Messungen (Bild 3.6). Die Geräteeinstellungen werden überprüft und dann für das zu untersuchende Bauwerk oder Bauteil möglichst beibehalten. Dazu erfolgt vor Ort zunächst eine grobe Auswertung bzw. Plausibilitätskontrolle und erforderlichenfalls eine Modifikation von Geräten und/oder Messraster.

900-MHz-Antenne

500-MHZ-Antenne

200-MHz-Antenne

1,5-GHz-Antenne

Bild 3.5: Radargeräte

Bild 3.6: Aufzeichnung und Kontrolle der Datenqualität und Plausibilität vor Ort

Für eine erfolgreiche Bearbeitung der Erkundungsziele an Mauerwerk ist die Auswahl der geeigneten Sensoren ausschlaggebend. Der sich ergänzende Einsatz von Antennen mit unterschiedlicher Leistungsfähigkeit kann durchaus die Aussagegenauigkeit deutlich verbessern. Des Weiteren kann eine geeignete digitale Datenverarbeitung durch eine Nutzsignalerhöhung eine Reichweitenverbesserung bewirken.

3.1.5 Reichweite und Auflösung

Entscheidend für die Reichweite ist die Höhe der Leitfähigkeit. Hohe Leitfähigkeit, verursacht beispielsweise von gelösten Salzen, bewirkt eine hohe Absorption und eine sehr starke Reduzierung der Eindringtiefe. Weitere Einflussfaktoren sind die Signalstreuung durch Inhomogenitäten wie Materialwechsel und Hohlräume.

Die Eindringtiefe und das Auflösungsvermögen sind u. a. von dem Frequenzgehalt der Radargeräte abhängig. So haben am Bauwerk beispielsweise hochfrequente Antennen (1,5 GHz) aufgrund der kurzen Wellenlängen eine relativ geringe Eindringtiefe von mehreren Dezimetern, aber eine sehr hohe Auflösungen (Genauigkeit) folglich im oberflächennahen Bereich. Niederfrequente Antennen (200 MHz) haben aufgrund großer Wellenlängen eine relativ große Eindringtiefe von mehreren Metern, aber eine sehr grobe Auflösung. Im Bild 3.5 sind vier gängige Antennen und deren typische Anwendung gezeigt.

Folgende Reichweiten können als vergleichende Anhaltspunkte angegeben werden:

- Trockene Kiese und Sande: 5 m bis 10 m
- Gesättigte Kiese und Sande: 2 m bis 5 m
- Bindiger sehr trockener Boden: 2 m
- Bindiger feuchter Boden: max. 1 m
- Schluffige feuchte Kiese/Sande: 2 m bis 3 m
- Kompakter Dolomit, Marmor u. Ä.: über 20 m
- Gestein: 5 m bis über 10 m
- Salzwasser: 0 m
- Süßwasser: 4 m bis 6 m.

Die Grenzen der Reichweite werden bei altem Mauerwerk kaum erreicht. Müssen besonders dicke Mauern erkundet werden, kann es erforderlich werden, dass diese Wände mit hochauflösenden Geräten von zwei Seiten bearbeitet werden.

Bedingungen für den Einsatz des Radarverfahrens 3.1.6

Für einen erfolgreichen Einsatz des Radarverfahrens am Mauerwerk müssen folgende Aspekte berücksichtigt werden:
- Ist ein ausreichender Materialkontrast zwischen dem gesuchten Objekt und der Umgebung vorhanden? Kann das gesuchte Objekt erkannt werden?
- Kann das gesuchte Objekt anhand der möglichen Messprofile und Messrasterdichte erfasst werden?
- Korrespondiert die Größe des gesuchten Objektes mit der erreichbaren technischen Auflösung? Dabei ist die vermutliche Tiefe des gesuchten Objektes im Bauteil zu berücksichtigen.
- Ist die Leitfähigkeit des zu untersuchenden Bauteils niedrig genug, damit die erforderliche Reichweite bzw. Eindringtiefe erreicht werden kann? Dies betrifft einen niedrigen Gehalt an gelösten Salzen.
- Die Oberflächen sollten möglichst eben sein. Große Unebenheiten führen zu starken Verkantungen der Geräte. Der sich dadurch verändernde Einstrahlwinkel in das Bauwerk führt zu Verzerrungen und ungenauen Tiefenangaben vorhandener Strukturen.
- Müssen wertvolle Oberflächen geschützt werden?
- Wie ist die Zugänglichkeit? Gibt es Einschränkungen bzgl. der Zugänglichkeit für eine ausreichende Anzahl an Messprofilen mit ausreichender Länge? Müssen Bereiche wegen Versprüngen oder Konsolen von der Messung ausgeschlossen oder separat erfasst werden?
- Sind vergleichende Messungen an ungeschädigten oder ungestörten Bereichen möglich?
- Sind die zu erwartenden Aussageunsicherheiten akzeptabel?
- Gibt es bereits vorhandene Kalibrierungsöffnungen?
- Kann durch den Einsatz anderer Verfahren die Genauigkeit und Zuverlässigkeit erhöht werden? Die Aussageunsicherheit muss in einem akzeptablen Verhältnis zum Untersuchungs- und Kostenrahmen stehen.

Die Auswertung, Dateninterpretation und Bewertung der Daten müssen sehr sorgfältig erfolgen. Hier spielen Erfahrungen, Fachwissen und eine interdisziplinäre Zusammenarbeit verschiedener Spezialisten eine große Rolle. Sehr wichtig sind oftmals Kenntnisse über das Objekt wie bauliche Veränderungen aus der Vergangenheit.

Ein gezieltes Suchen hilft nicht nur bei der Planung der Messung, der Geräteauswahl und der Messanordnung, sondern auch bei der Auswertung.

Die Datenqualität ist sehr unterschiedlich und bestimmt u. a. die Aussagegenauigkeit. Dies muss bei der Bewertung der Radardaten berücksichtigt und angegeben werden. Mit der heutigen Technik und den vorhandenen Erfahrungen können jedoch inzwischen in den meisten Fällen sehr zuverlässige Ergebnisse erzielt werden.

Das Radarverfahren hat sich in der Baupraxis als ein vielseitig und flexibel einsetzbares Untersuchungsverfahren etabliert. Die Geräte sind robust, mobil und gut handhabbar. Die Messwertaufnahme kann am Bauwerk in Abhängigkeit von der Zugänglichkeit sehr schnell erfolgen. So können an einem Messtag große Flächen komplett oder wie in den Beispielen beschrieben anhand von Teilflächen kleinere Bauwerke untersucht und beurteilt werden. Grob abgeschätzt können an einem Tag ca. 100 m^2 bearbeitet werden. Bei günstigen Voraussetzungen können durchaus 300 m^2 und mehr untersucht werden.

Je nach Fragestellung und Qualität der aufgezeichneten Daten müssen die Radardaten im Büro verarbeitet werden. Der Zeitaufwand für die Auswertung hängt von der Datenqualität und dem gewünschten Auswerte- und Darstellungsumfang ab. Dieser Aufwand kann das Drei- oder Vierfache der Messzeit betragen. Bei manchen Projekten ist es ausreichend, neben einer Messdokumentation die Ergebnisse in einem Plan einzutragen und zu benennen. Bei ausreichend guter Datenqualität kann in Abhängigkeit von dem Untersuchungsziel auch eine Auswertung bereits vor Ort erfolgen. So ist es unter Umständen möglich, metallische Einbauteile wie Bewehrung, Steinklammern und Dübel sofort in deren Position zu erkennen und dann am Bauwerk zu markieren.

Die Datenaufnahme und -auswertung muss immer von qualifiziertem und erfahrenem Fachpersonal durchgeführt werden. Vor Ort sind neben dem Fachpersonal Hilfskräfte erforderlich. Von der Sorgfalt der Arbeiten hängen die Qualität und Zuverlässigkeit der Ergebnisse ab.

Kostenrelevant sind neben den Zeiten für die Vorbereitung, Messung, Auswertung und Bewertung auch die anfallenden Nebenkosten wie Gerüste, Hebebühnen, Reise und Unterkunft bei mehrtägigen Messkampagnen. Sämtliche Kosten müssen in einem ausgewogenen Verhältnis stehen.

Ultraschall und Mikroseismik 3.2

Diese Verfahren basieren auf der Anregung und Ausbreitung mechanischer Wellen und können zur Feststellung und Beurteilung mechanischer Materialeigenschaften eingesetzt werden. Typische Fragestellungen sind beispielsweise der Verwitterungszustand von Natursteinen, die Einordnung bzgl. der Festigkeit von Naturstein und Beton, der Verlauf und die Tiefe von Rissen und Einlagerungen innerhalb von Steinen.

Bei der impulsartigen Anregung der Wellen bilden sich Oberflächen- und Raumwellen aus. Betrachtet und ausgewertet werden meistens die Laufzeiten der Raumwellen in Form von Kompressions- und Scherwellen. Deren Fortpflanzung in einem Medium erfolgt nach den Gesetzen der Optik und hängt von den mechanischen Stoffeigenschaften ab, wozu u. a. die Druckfestigkeit und die Rohdichte zählen. Des Weiteren wirken sich auf die Höhe der Wellengeschwindigkeit die Porosität, die Zusammensetzung und das Gefüge des untersuchten Materials, die Form und Abmessung der Prüfkörper, der Feuchtegehalt, die Ankopplungsbedingungen für die Schallköpfe sowie die Messfrequenz aus. Der Einsatz an Bauwerken kann als weitgehend feuchte- und salzunabhängig beurteilt werden.

Der Frequenzbereich liegt beim Ultraschall zwischen 20 kHz und 1 MHz (bei Naturstein), der bei der Seismik zwischen 1 kHz und 10 kHz. Die Reichweite des Ultraschalls ist aufgrund seiner relativ hohen Frequenzen, kurzen Wellenlängen und damit einer starken Absorption begrenzt. Je nach Material können Bauteile ab einer Dicke von ca. 50 cm nicht mehr durchschallt werden. Die Mikroseismik ist in der Reichweite für Bauteiluntersuchungen nahezu unbeschränkt und kommt als Alternative zum Ultraschallverfahren zur Anwendung. Es bietet sich an, für Mauerwerksuntersuchungen oder die Untersuchung größerer Bauteile wie Pfeiler die in der Geophysik bewährten Untersuchungsanordnungen und Gerätetechnik zu verwenden. Die Registrierung der Signale erfolgt dann mit einer digitalen Seismikapparatur, mit der mindestens 12 Kanäle, 12 Signalempfänger, gleichzeitig erfasst werden können.

Elastische Wellen breiten sich in einem Medium nach dem fermatischen Prinzip auf den Wegen minimaler Laufzeiten aus. Für eine ungestörte Wellenausbreitung sollte die Querausdehnung des Untersuchungsobjektes mindestens das Doppelte der Wellenlänge betragen.

Elastische Wellen breiten sich nicht über eine Materiallücke wie einen Hohlraum oder Riss aus; sie laufen auf der Strecke zwischen Sender und Empfänger einen Umweg. Dies bewirkt eine auffällig erhöhte

Scheingeschwindigkeit im Vergleich zu ungeschädigten Bereichen und lässt somit Rückschlüsse auf Risse und Hohlräume zu. Des Weiteren können sich mechanische Wellen nicht über einen großflächigen Hohlraum wie eine Schalenablösung hinweg ausbreiten. Hier liegen die Grenzen in der Anwendung dieser Verfahren. Im Gegensatz dazu können mit dem Radarverfahren auch Bereiche hinter Hohlräumen erkundet werden. Allerdings sind damit nur Aussagen zum strukturellen Aufbau und nicht zur Materialfestigkeit möglich.

Signalanregung und Signalempfang

Die Signalanregung kann mit einem US-Sender oder für die Mikroseismik mit einem Impulshammer erfolgen. Für die Signalaufnahme sind dann entsprechende Empfänger bzw. Beschleunigungsaufnehmer und ggf. Vorverstärker unter Verwendung eines Koppelmittels erforderlich (Bild 3.7). Die Laufzeit des Kompressionswellenimpulses wird an einem Oszilloskop oder mit einer digitalen Seismikapparatur bestimmt und gespeichert.

Einseitige Zugänglichkeit

Beidseitige Zugänglichkeit

Bild 3.7: Verschiedene US-Köpfe, Signalanregung mit einem Impulshammer

Messanordnungen zur Bestimmung der Wellengeschwindigkeit 3.2.1

In der Geophysik haben sich drei wesentliche Teilverfahren etabliert. Es handelt sich dabei um:
- Refraktionsseismik
- Reflexionsseismik und
- Transmissionsseismik.

Die hauptsächlichen Einsatzgebiete für die Refraktions- und Reflexionsseismik liegen in der Untergrund- und Baugrunderkundung. Damit können Schichtungen verschiedenen Materials geortet werden. Für die Anwendung an Bauwerken haben sich Messmethoden der Transmissionsseismik bewährt. Dabei wird meist die Laufzeit des Kompressionswellenimpulses bestimmt bzw. die Ausbreitungsgeschwindigkeit der Kompressionswellen berechnet und bewertet. Untersuchungsziele sind i. d. R. Materialeigenschaften, Materialunterschiede und insbesondere Hohlräume und Verwitterungen. Dafür gibt es verschiedene Varianten der Sender-Empfänger-Anordnung, mit oder ohne Verwendung von Bohrlöchern.

Transmissionsanordnungen

Dabei wird die direkte Laufzeit t des mechanischen Kompressionswellenimpulses ermittelt. Die einfachste Art der Berechnung der Wellengeschwindigkeit v erfolgt als Quotient aus dem Weg s und der Laufzeit des Kompressionswellenimpulses t unter Annahme des geometrisch kürzesten Weges zwischen Wellenfeldanregung und Empfang. Dies gilt bei Medien mit konstanter Wellengeschwindigkeit.

Aufgrund dessen, dass durch die Unkenntnis des wirklichen Wellenweges eventuell aufgetretene Beugungen, Reflexionen und Brechungen im Zwischenfeld nicht beurteilt werden können, wird mit der berechneten Wellengeschwindigkeit allerdings nur eine angenäherte Übersicht über die Verteilung der Wellengeschwindigkeit im Medium erreicht.

In der Praxis haben sich verschiedene Messanordnungen bewährt. Dazu zählen:
- Direktdurchschallung

  Dafür ist eine beidseitige Zugänglichkeit wie in Bild 3.8 a schematisch dargestellt erforderlich. Die Signalquelle und der Signalempfänger müssen sich möglichst direkt gegenüber befinden und die Entfernung zwischen Sender und Empfänger muss möglichst genau messbar sein. Beispiele dazu sind in den Abschnitten 5.3 und 5.4.

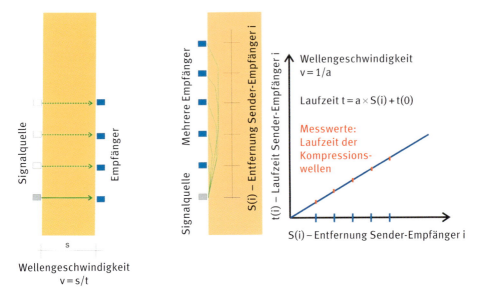

a) Durchschallungsanordnung bei beidseitiger Zugänglichkeit
b) Profilierungsanordnung bei einseitiger Zugänglichkeit

Bild 3.8: Messanordnungen zur Bestimmung der Kompressionswellengeschwindigkeit bei beidseitiger Zugänglichkeit an der Oberfläche

- Profilierungsanordnung

  Eine einseitige Zugänglichkeit ist ausreichend. Dabei wird die Wellengeschwindigkeit ebenfalls aus der Laufzeit des Kompressionswellenimpulses berechnet. Hierfür ist eine ausreichend große Messstrecke erforderlich. Der Messaufwand ist deutlich höher im Vergleich zur Direktdurchschallung. Dazu werden entweder mehrere Empfänger (E) mit einem bestimmten gleichmäßigen Abstand zueinander entlang einer Linie am Mauerwerk oder Bauteil befestigt, oder es wird ein Empfänger fest positioniert und die Signalanregung (S) erfolgt an unterschiedlichen Punkten gleichen Abstandes entlang einer Geraden. Bei dieser Messanordnung wird die Laufzeit der angeregten Kompressionswellen bestimmt und in einem Laufzeit-Entfernungs-Diagramm dargestellt. Aus der so ermittelten Laufzeitgeraden und dem Reziproken der Geradensteigung wird die Wellengeschwindigkeit v berechnet.

In Abhängigkeit vom Untersuchungsobjekt und der Aufgabenstellung können diese Messanordnungen modifiziert werden. Im Folgenden werden einige Varianten vorgestellt:

Messanordnung zur Beurteilung von Mehrschaligkeit

Die kombinierte Anwendung der Profilierungsanordnung und der Transmissionsanordnung ermöglicht, aus Veränderungen der Wellengeschwindigkeit auf Anomalien und Strukturen zu schließen. Ist die bei der Transmissionsanordnung gemessene Wellengeschwindigkeit beispielsweise geringer als die bei der Profilierungsanordnung an den Außenwänden gemessene, weist dies auf eine Mehrschaligkeit mit einer Innenfüllung geringerer Wellengeschwindigkeit und somit geringerer Qualität hin.

Messanordnungen zur Beurteilung von Bauteilquerschnitten   3.2.2

Einzelne Risse in einem Bauteil zu verfolgen, ist nur mit einem technisch und zeitlich sehr hohen Aufwand möglich. Ergänzend muss oft noch das Radarverfahren eingesetzt werden. Gibt es im Inneren Rissverzweigungen oder auch nur geringe Materialkontakte, über die sich mechanische Wellen ausbreiten können, werden die Anwendungs- und Genauigkeitsgrenzen der Verfahren schnell erreicht. Es wird unter Umständen aufgrund nur geringer Veränderungen der Wellengeschwindigkeiten ein kraftschlüssiger Verbund und nur eine geringe Risstiefe suggeriert.

Es ist aber mittels spezieller Messanordnungen möglich, mit vertretbarem Aufwand Aussagen über die Verbreitung von Schadstellen über einen Bauteilquerschnitt zu erhalten.

Das Bild 3.9 zeigt schematisch beispielhafte Durchschallungsanordnungen. Besonders geeignet sind diese für Säulen oder säulenähnliche Querschnitte.

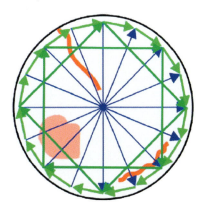

Querschnitt der Säule = Messebene
rot: oberflächenparalleler Riss, Riss senkrecht zur Oberfläche, Schadstelle
blaue Pfeile: radiale Durchschallung
grüne Pfeile: tangentiale Durchschallung
                  mit 22,5° Abstand (hellgrün)
                  mit 90° Abstand (dunkelgrün)

Bild 3.9: Beispielhafte Messanordnung für die Säulendurchschallung

Bezogen auf den horizontalen Säulenquerschnitt werden radiale und tangentiale Durchschallungen durchgeführt. Bei den radialen Wellenwegen (blau) handelt es sich um eine Durchschallung des Querschnittes und es werden damit oberflächenparallele Risse erfasst. Weiterhin kann die so bestimmte Kompressionswellengeschwindigkeit zur Materialbewertung und Beurteilung der Verwitterung herangezogen werden.

Bei einer tangentialen Durchschallung (Wellenwege grün) werden senkrecht zur Oberfläche verlaufende Risse erfasst. Die damit erzielbare Eindringtiefe wird durch den Abstand zwischen Sender und Empfänger bestimmt und hängt von der jeweiligen baulichen Situation, dem Material und der Fragestellung ab.

Um eine komplette Säule beurteilen zu können, müssen Säulenquerschnitte in einem sinnvollen vertikalen Abstand untersucht werden. Die zwischen den Messebenen liegenden Bereiche werden interpoliert. Es kann so weitgehend flächendeckend der Säulenzustand bzw. der Zustand des Materials gut beurteilt werden. Es werden mit dieser Herangehensweise nicht einzelne Risse detailliert untersucht, sondern innerhalb der Messebenen kann der gesamte Säulenquerschnitt hinsichtlich Schadstellen und Festigkeitsunterschieden/Gefügeauflockerungen beurteilt werden. Der Kosten- und Zeitrahmen kann in einem vertretbaren Umfang gehalten werden. Erläutert wird dies im Kapitel 5.2 am Beispiel des Klosters Zarrentin.

3.2.3 Messanordnungen zur Tiefenabschätzung einzelner Risse

Da sich elastische Wellen nicht über eine Materiallücke (Luftspalt) ausbreiten, laufen sie auf der Strecke zwischen Sender und Empfänger einen Umweg. Dies bewirkt eine auffällig erhöhte Wellengeschwindigkeit (Scheingeschwindigkeit) im Vergleich zu ungeschädigten Bereichen. Mit speziellen Messanordnungen ist es möglich, Aussagen über die Verbreitung von Schadstellen über einen Bauteilquerschnitt zu erhalten sowie die Tiefe einzelner Risse abzuschätzen.

Die Risstiefenbestimmung kann zum einen qualitativ erfolgen (Bild 3.10 a). Sender und Empfänger befinden sich auf jeweils gegenüberliegenden Seiten des Risses, der etwa senkrecht zur Messebene verläuft. Durch den Riss ergibt sich ein Umweg für die elastische Welle, und es verlängert sich die Laufzeit. Aus der Laufzeitverlängerung kann die Tiefe des Risses abgeschätzt werden. Vergleichsweise werden gerissene und ungerissene Bereiche durchschallt.

Eine genauere Bestimmung der Risstiefe kann entsprechend der Messanordnung, wie in Bild 3.10 b gezeigt, erfolgen. Hier befinden

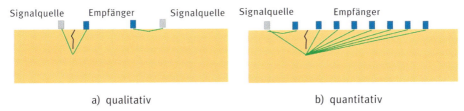

Bild 3.10: Risstiefenabschätzung

sich der Sender und ein Empfänger auf einem Rissufer, und mehrere Empfänger mit gleichem Abstand auf dem anderen Rissufer. Je Messpunkt wird die Laufzeit der Kompressionswelle bestimmt und in einem Laufzeit-Entfernungs-Diagramm dargestellt. Aus Änderungen in der Geradensteigung kann auf die Risstiefe geschlossen werden.

Verfahren zur Risstiefenbestimmung gehen von einem offenen, sauberen und nicht kraftschlüssigen Riss aus. Ist in einem Rissbereich eine Signalübertragung durch Kornkontakte aufgrund lockeren Materials möglich, ergeben sich Ungenauigkeiten bei der Risstiefenbestimmung. Dies kann bei keiner Messung ausgeschlossen werden. Die angegebenen Risstiefen sind deshalb Richtwerte, was bei der Bewertung der Ergebnisse berücksichtigt werden muss.

Durchschallung in Kombination mit einem Bohrloch   3.2.4

Sind am Bauwerk bereits Kernbohrungen vorhanden oder werden diese gezielt angeordnet, kann mittels verschiedener Varianten der Sender-Empfänger-Anordnung der Bereich zwischen zwei Bohrungen oder zwischen Oberfläche und Bohrung untersucht werden. Dadurch ist es möglich, insbesondere die Qualität von ansonsten unzugänglichen Innenfüllungen bei mehrschaligem Mauerwerk abzuschätzen. Gerätetechnik für den Signalempfang oder die Signalanregung im Bohrloch ist aus der geophysikalischen Anwendung vorhanden oder kann ggf. angepasst werden. Es können dazu zwei Messanordnungen unterschieden werden.

1. Down-hole-Seismik

Die Anregung der mechanischen Wellen erfolgt an der Oberfläche, während sich der Empfänger im Bohrloch befindet. Wenn die Signalanregung in der Nähe des Bohrloches erfolgt, laufen die Wellen annähernd vertikal zum Empfänger. Damit werden die Bereiche unmittelbar neben der Bohrung untersucht. Liegt der Punkt der Signalanregung weiter entfernt, können auch größere Bereiche im Umfeld der Bohrung beurteilt werden. Ausgewertet werden die

Ersteinsätze der angeregten Signale an der jeweiligen Empfängerposition und somit die Kompressionswellenlaufzeit. Die Darstellung erfolgt in einem Entfernungs-Laufzeit-Diagramm. Durch die Verbindung der Ersteinsätze ergibt sich eine Laufzeitgerade. Der Reziprokwert der Steigung entspricht der Wellengeschwindigkeit im untersuchten Medium. Die Steigung ist umgekehrt proportional zur mechanischen Geschwindigkeit. Änderungen der Steigung deuten auf Anomalien hin. Die an Schichtgrenzen stattfindenden Reflexionen können im Seismogramm durch ihre zeitliche Verzögerung erkannt werden. Bei ausreichendem Geschwindigkeitskontrast können die Wellengeschwindigkeit je Schicht und die Schichtmächtigkeit berechnet werden (Bild 3.11).

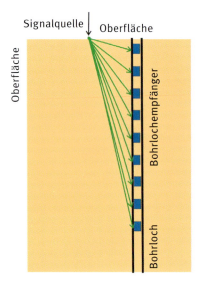

Bild 3.11: Durchschallungsanordnung als down-hole-Seismik

2. Cross-hole-Seismik

Bei der Anwendung des cross-hole-Prinzips sind Sender und Empfänger annähernd direkt gegenüber positioniert und die Wellengeschwindigkeit kann wie bei der Transmissionsanordnung bereits beschrieben berechnet werden. Da die Messungen in verschiedenen Tiefen durchgeführt werden, können Schichtgrenzen geortet werden. Im Seismogramm wird dies an Laufzeitänderungen deutlich. Weiterhin weisen diese Veränderungen auf Anomalien im Untersuchungsmedium zwischen den Bohrungen hin. Durch aufgelockerte Bereiche oder Hohlräume verlängert sich die Wellenlaufzeit (Bild 3.12).

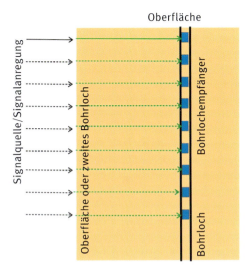

Bild 3.12: Durchschallungsanordnung als cross-hole-Seismik

Tomografie 3.2.5

Tomografie ist ein Verfahren, bei dem Schichtaufnahmen vom Inneren eines Körpers oder Bauteils hergestellt werden. Diese Untersuchungen können sowohl an der Oberfläche als auch zwischen Oberfläche und Bohrloch ausgeführt werden (Bilder 3.13 und 3.14).

Es liegen hierbei mehrfache Durchstrahlungsmessungen der Messebenen unter verschiedenen Winkeln zugrunde. Das Ziel ist eine zweidimensionale Darstellung der Materialeigenschaften in der Messebene. Durch die Tomografieberechnung kann ein höheres räumliches Auflösungsvermögen erzielt werden als bei der einfachen direkten Transmissionsanordnung. Dabei wird jedem Ort der Untersuchungsfläche die gemessene physikalische, chemische oder andere Kenngröße zugeordnet. Aus einer ausreichend großen Anzahl von Messwerten wird mit Hilfe von Rechenprogrammen eine Aussage zur Messgröße für jeden Ort der Messfläche getroffen. Isolinien vereinen diejenigen Punkte, die von gleicher Größe sind. Zur besseren Darstellung und Beurteilung werden die Messwerte farbcodiert in den Tomografieabbildungen wiedergegeben. Ein Beispiel dazu ist in Abschnitt 5.1 dargestellt.

Bei der Auswertung wird die Ersteinsatzzeit, d. h. Laufzeit des Kompressionswellenimpulses, ermittelt. Es ergibt sich eine große Menge an Daten von Signallaufzeiten der sich auf den verschiedenen Pfaden

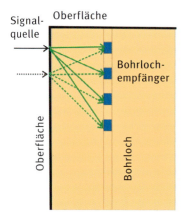
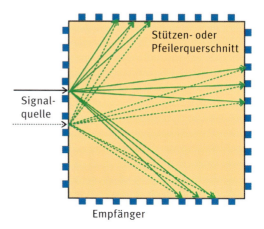

Bild 3.13: Messanordnung für eine vertikale Tomografiemessung mit der down-hole-Seismik

Bild 3.14: Messanordnung für eine horizontale Seismiktomografie

ausbreitenden Wellen. Aus diesen Messdaten lässt sich ein Bild der über den Bauteilquerschnitt verteilten elastischen Materialeigenschaften (Wellengeschwindigkeiten) errechnen. Die sich ergebenden Bereiche von unterschiedlichen oder ähnlichen Wellengeschwindigkeiten im Inneren des Bauteils ermöglichen Aussagen zum strukturellen Zustand und der Verteilung der Materialfestigkeit in der durchschallten Ebene.

Die Darstellung der Ergebnisse erfolgt als eine Art Grundriss oder Schnitt über die Messfläche. Den Messwerten werden Farben zugeordnet. So werden beispielsweise Bereiche mit niedrigen Wellengeschwindigkeiten rot gekennzeichnet und Bereiche mit hohen Wellengeschwindigkeiten grün. Diese Darstellungsform ermöglicht einen schnellen Überblick über die Größenordnungen und deren Verteilung im Messbereich. So entsteht eine gute Basis für die Datenbewertung.

3.2.6 Auswertung und Bewertung der Untersuchungsergebnisse

Da mechanische Wellen bei ihrer Ausbreitung an Materie gebunden und damit von deren mechanischen Materialeigenschaften abhängig sind, eröffnet sich mit dem Ultraschall und der Mikroseismik die Möglichkeit, qualitative Aussagen insbesondere zur Druckfestigkeit zu treffen. Auf der Basis empirischer Korrelationen zwischen der Geschwindigkeit der mechanischen Wellen und der Druckfestigkeit können zum Beispiel die Gefügeauflockerungen durch Verwitterung oder die Tragfähigkeit der Innenfüllungen mehrschaligen Mauerwerks abgeschätzt bzw. qualitativ beurteilt werden.

Die berechnete Geschwindigkeit mechanischer Wellen ist ein qualitatives Maß für die Bauteilgüte. Der erhaltene physikalische Messwert (Wellengeschwindigkeit) kann aber nicht direkt dem gewünschten Materialkennwert, z. B. der Druckfestigkeit, zugeordnet werden. Sollte eine möglichst genaue Korrelation zwischen der Druckfestigkeit und der Wellengeschwindigkeit erstellt werden, müssen jeweils materialbezogene Kalibrierkurven über zugehörige Materialproben und Labormethoden erarbeitet werden (zerstörende Eingriffe, Druckfestigkeitsprüfungen).

Andererseits lässt sich anhand der Höhe der Wellengeschwindigkeit ohne zerstörende Eingriffe empirisch auf die Festigkeit schließen. Es können dabei vergleichend Werte aus der Fachliteratur zur groben Einschätzung und Beurteilung herangezogen werden (Tabelle 3.1).

Beurteilung von Innenfüllungen mehrschaligen Mauerwerks

Die in situ gemäß Bild 1.7 (Abschnitt 1.2) vorgestellten meist geschichteten, gefüllten oder geschütteten Innenfüllungen können als ein aus den Komponenten Bindemittel und Zuschlägen zusammengesetztes Material betrachtet werden. Sie beinhalten weiterhin luft- und wassergefüllte Hohlräume, deren Größe und Anzahl von der Herstellung, der Zusammensetzung und dem aktuellen Erhaltungszustand abhängen. Der Zusammenhalt der *geschütteten* Innenfüllungen wird durch die Art und den Anteil des Bindemittels bestimmt. Dieser Aufbau bzw. diese Zusammensetzung kann bezüglich der Zuschläge weitgehend mit der von Beton verglichen werden. Die wesentlichen Unterschiede liegen in der Art des Bindemittels und der Art, der Größe und der Kornabstufung der Zuschläge. Sind diese von der Bindemittelmatrix umschlossen, so kann man von einem betonähnlichen Bindemittel-Zuschlag-Gemisch sprechen. Es ist daher möglich, bei der Beurteilung und Abschätzung der Festigkeit aus der Wellengeschwindigkeit vergleichende Betrachtungen zu den an Betonen mit Ultraschall bereits durchgeführten Untersuchungen und Ergebnissen anzustellen.

Bei den *geschichteten* Innenfüllungen wird die Tragfähigkeit durch die Qualität des Mörtels und der Schichtung bestimmt. Hier spielen der Hohlraumanteil, dessen Größenordnung und die Qualität des verwendeten Baumaterials eine wesentliche Rolle. Da die Wellengeschwindigkeit in Luft mit ca. 300 m/s vergleichsweise niedrig ist, kann der Hohlraumgehalt und somit die Qualität der Innenfüllungen anhand vergleichender Untersuchungen am Bauwerk aus Änderungen der Wellengeschwindigkeit beurteilt werden.

Beim Einsatz der Mikroseismik an mehrschaligem Mauerwerk liegt der wesentliche Unterschied zu den Betonuntersuchungen mit Ultraschall in den niedrigen seismischen Frequenzen und somit in der Ausbildung von Wellenlängen, die größer als die einzelnen Mauerbestandteile sind. Die Wellenausbreitung erfolgt über das Gesamtgemisch Bindemittel/Zuschlag/Hohlraum und wird erst durch Inhomogenitäten beeinflusst, die größer als die Wellenlängen sind. Die Wellenlängen bilden sich in Abhängigkeit von der Frequenz und der Wellengeschwindigkeit in einem Bereich von $\lambda = 50$ cm bis 150 cm aus. Es kann davon ausgegangen werden, dass die ermittelte seismische Wellengeschwindigkeit einen integralen Mittelwert über die Gesamtmatrix ergibt. Ebenso fließt der Hohlraumgehalt in die Gesamtwellengeschwindigkeit ein.

Anhand der Verteilung der Wellengeschwindigkeit am Untersuchungsobjekt sind vergleichende Aussagen zum Hohlraumgehalt möglich. Die Porosität der einzelnen Zuschläge und des Bindemittels wirkt sich nur unwesentlich auf die seismische Wellengeschwindigkeit aus.

Die Erfahrungen der Ultraschalluntersuchungen an Beton und Naturstein und das Wissen darum, dass anhand einer gemessenen Wellengeschwindigkeit nicht unmittelbar auf die Art und Zusammensetzung des untersuchten Materials geschlossen werden kann, erfordern unbedingt kalibrierende und kontrollierende Detailuntersuchungen. So müssen am untersuchten Objekt anhand der Durchschallungsergebnisse gezielt und in ausreichender Menge Materialproben entnommen werden, um die gemessenen Werte mit den gewünschten Informationen zu korrelieren. Es kann und darf nicht direkt von der Wellenlaufzeit auf die Festigkeit oder den Hohlraumgehalt geschlossen werden.

Die am Bauwerk oder einzelnen Bauteil zu erwartenden Wellengeschwindigkeiten erstrecken sich in einem Bereich von unter 1 000 m/s bis etwa 7 000 m/s in Abhängigkeit von der Art und Zusammensetzung des vorliegenden Materials oder Materialgemisches. Als Anhaltswerte für eine grobe Einschätzung ohne Kalibrierungen können die aus Laboruntersuchungen und der Fachliteratur bekannten Wellengeschwindigkeiten verschiedener Materialien und Gesteine herangezogen werden (Tabelle 3.1).

Tabelle 3.1: Wellengeschwindigkeit in unterschiedlichen Materialien

Material		Wellengeschwindigkeit in m/s
Marmor	bruchfrisch	6 000 bis 7 000
	stark verwittert	3 000 bis 4 000
	abbruchgefährdet	2 000 bis 3 000
	vollständig zerstört	1 000 bis 2 000
Basalt		4 500 bis 6 300
Sandstein		1 000 bis 5 300
	gesättigt	2 800 bis 5 600
Kies		500 bis 2 000
Kalkstein		1 800 bis 6 100
Granit		4 100 bis 6 100
Sand	trocken	100 bis 500
	feucht	100 bis 1 900
	gesättigt	1 700 bis 1 900
Ton		500 bis 2 200
Beton		4 500 ≤ 3 000
Ziegelmauerwerk		>2 000 ≤ 1 000
Ziegelsteine		2 000 bis 2 300
Mörtel		2 800
Wasser		1 480
Luft		330

In Tabelle 3.2 sind beispielhaft für drei Natursteine als Vergleich Schallgeschwindigkeiten, Rohdichte und dynamischer und statischer E-Modul zusammengefasst. Diese Werte entstammen der Literatur bzw. wurden anhand von Materialproben im Labor an der ETH Zürich bestimmt. Für den Savonière-Kalkstein wurde anhand der Laborwerte eine Kalibrierkurve ermittelt. Anhand dieser wurde ein guter linearer Zusammenhang zwischen der Wellengeschwindigkeit und der Druckfestigkeit ermittelt.

Tabelle 3.2: Beispielhafte Wellengeschwindigkeiten an Gesteinen

	ϱ in kg/dm³	Schallgeschwindigkeit v in m/s	Druckfestigkeit fc in N/mm²	E_{dyn} in N/mm²	E_{stat} in N/mm²
Savonière-Kalkstein	1,60	x-Richtg: 3 280 y-Richtg: 3 270 z-Richtg: 2 670	x-Richtg: 12,20 y-Richtg: 11,20 z-Richtg: 7,05	x-Richtg: 17 250 y-Richtg: 17 150 z-Richtg: 11 400	x-Richtg: 13 400 y-Richtg: 13 100 z-Richtg: 8 850
Schmerikoner Sandstein	2,39	x-Richtg: 2 390 y-Richtg: 2 460 z-Richtg: 2 520	x-Richtg: 61,30 y-Richtg: 49,20 z-Richtg: 57,75	x-Richtg: 13 750 y-Richtg: 14 600 z-Richtg: 15 300	x-Richtg: 2 450 y-Richtg: 2 700 z-Richtg: 2 950
Jura-Kalkstein	2,66	x-Richtg: 5 280 y-Richtg: 5 370 z-Richtg: 5 400	x-Richtg: 89,25 y-Richtg: 93,60 z-Richtg: 90,80	x-Richtg: 73 400 y-Richtg: 76 600 z-Richtg: 77 300	x-Richtg: 15 400 y-Richtg: 16 600 z-Richtg: 16 200

Köhler [24] hat im Rahmen einer Forschungsarbeit nachgewiesen, dass die Wellengeschwindigkeit vom bruchfrischen zum extrem gefährdeten Marmor von ca. 5 000 m/s auf ca. 1 000 m/s bis 2 000 m/s abnimmt. Er stellt die in Tabelle 3.3 genannten Schadensklassen auf.

Tabelle 3.3: Schadensklassen

Marmorzustand	Wellengeschwindigkeiten v in m/s
bruchfrischer Marmor	> 5 000
guter Zustand	4 000 bis 5 000
befriedigender Zustand	3 000 bis 4 000
beginnende Strukturzerstörung	2 000 bis 3 000
bedrohlicher Zustand	1 500 bis 2 000
völlige Gefügezerstörung	< 1 500

An Betonen liegen zahlreiche Arbeiten zu Untersuchungen der Betonqualität mittels mechanischer Wellen vor. Es hat sich gezeigt, dass bei ausreichender Anzahl von Materialproben vom Originalbauwerk eine Festigkeitsabschätzung durch das Erstellen von Kalibrierkurven erfolgen kann. Für die Qualitätsanforderungen bei der Betonuntersuchung ist allerdings die erzielbare Genauigkeit eher unzureichend. Weiterhin muss beachtet werden, dass mit empirischen Gleichungen keine übertragbaren und allgemeingültigen Beziehungen ermittelt werden können. Sie gelten immer nur für das entsprechende Untersuchungsobjekt.

Eine grobe Abschätzung der Betonqualität kann mit Hilfe der in Tabelle 3.4 enthaltenen Einteilung aber gut erfolgen. Dies gilt insbesondere im Hinblick auf die Bewertung der Betonqualität der frühen Betonbauten.

Tabelle 3.4: Wellengeschwindigkeit und Druckfestigkeit an Beton

Wellengeschwindigkeit v in m/s	Festigkeit
über 4 500	sehr hoch
4 500 bis 3 500	mittel
3 500 bis 3 000	niedrig
unter 3 000	gering

Bedingungen für den Einsatz von Ultraschall und Mikroseismik   3.2.7

Die Messmethoden

- Direktdurchschallung einer Wand oder eines Bauteils als Oberflächenmessung,
- cross-hole-Seismik als Bohrlochmessung und
- down-hole-Seismik als Kombination von Oberflächen- und Bohrlochmessung

sind grundsätzlich zur zerstörungsarmen Untersuchung von mehrschaligem alten Mauerwerk oder einzelner Bauteile zur Beurteilung des Verwitterungszustandes sowie von Rissbeurteilungen geeignet.

Bei der Direktdurchschallung wird im Wesentlichen nur der entsprechende Bereich zwischen Sender und Empfänger untersucht. Die Aussagekraft bzw. der Informationsgehalt über eine große Wandfläche oder ein Bauteil wird durch die Anzahl und den Abstand der Messpunkte bestimmt. Sender und Empfänger müssen sich möglichst genau gegenüber befinden. Die Wanddicken bzw. Bauteildicken müssen bekannt sein. Um schnell große Flächen zu untersuchen, ist der Aufwand relativ hoch und zeitaufwändig. Dafür sind diese Verfahren und diese Messanordnung nicht geeignet. Deren Einsatzmöglichkeiten liegen insbesondere in der Untersuchung spezieller Details auf der Basis von Vorkenntnissen, möglicherweise aus der Anwendung des Radarverfahrens und in Ergänzung zum Radarverfahren. Ein weiteres Einsatzgebiet sind kleinere Bauteile wie Skulpturen, Zierelemente, Stützen und Säulen. Die Messwerterfassung und Auswertung der Kompressionswellengeschwindigkeit erfolgen mit geringem zeitlichen Aufwand, da die Geräte zur Datenerfassung nur kurz an die Bauteiloberfläche angedrückt werden müssen.

Für flächendeckende Aussagen sind aber eine Vielzahl von Messstellen erforderlich, deren exakte Einmessung bei großen Bauteilen einen nicht vertretbaren hohen zeitlichen und finanziellen Aufwand erfordert. Hier ist immer abzuwägen, ob nicht zuerst Erkundungen mit dem Radarverfahren o. a. angebracht sind und ergänzend mechanische Wellen eingesetzt werden.

Mittels Bohrloch- und Oberflächenmessungen wie cross-hole-Seismik und down-hole-Seismik sind Tiefenaussagen und somit Informationen zur Mehrschaligkeit und Qualität der einzelnen Schalen „direkt" möglich. Insbesondere kann damit die i. d. R. nicht zugängliche Innenfüllung beurteilt werden. Bei der cross-hole-Seismik wird die Größe des untersuchten Bereiches durch den Abstand paralleler Bohrungen und deren Positionierung zueinander und bei der downhole-Seismik von der Positionierung der Signalquelle bestimmt. Beim down-hole-Verfahren kann die Auswertung durch Schalenablösungen, dünne Innenfüllungen und Verzahnungen erschwert werden. Ungünstige geometrische Verhältnisse können zu verstärkten Reflexionen und Streuungen führen und beim cross-hole-Verfahren eine umfangreichere Auswertung erfordern. Beide Messanordnungen sind aufgrund der erforderlichen Bohrungen nicht zerstörungsfrei, aber zerstörungsarm.

Vorteilhaft bei diesen Verfahren ist die mögliche schnelle Auswertung vor Ort. Neben einer guten Plausibilitätskontrolle der Ergebnisse können zum Beispiel sofort am Verlauf der Laufzeitgeraden Veränderungen des untersuchten Materials erkannt werden. Auch weiterführende Auswertungen im Büro erfordern im Vergleich mit dem Radarverfahren einen deutlich geringeren Aufwand. Die Darstellung der Ergebnisse erfolgt hier meistens tabellarisch in Ergänzung zum einem Messbericht, in dem die Ergebnisse dann bewertet werden.

Die Ultraschall- und mikroseismischen Messeinrichtungen können als zuverlässig, gut und flexibel handhabbar beurteilt werden. Die Messgenauigkeit kann als ausreichend betrachtet werden. Reichweitenbeschränkungen gibt es an alten Bauwerken nicht.

Biofilme, Bauphysik und Bausanierung

Aus der Reihe Altbausanierung

Ziel des **8. Dahlberg-Kolloquiums** ist eine wirksame Bekämpfung von Fassadenbesiedlungen durch neue Produktansätze. Die 20 Beiträge betreffen ausgewählte Messverfahren zur Bewertung von Besiedlungsvorgängen, PAM-Fluorometrie, Rasterelektronenmikroskopie, Nanobeschichtungen und biozide Wirkstoffe.

Auf den **19. Hanseatischen Sanierungstagen** widmen sich mehr als 20 Referenten den Schwerpunkten Bauten- und Holzschutz, Baukonstruktion/Raumklima sowie Heizung/Gebäudeausrüstung. Neben dem Umgang mit Vorhandenem geht es u. a. um neue Beurteilungsmethoden, Bestandsmauerwerk, Gewölbesanierung, Echten Hausschwamm und Splintholzkäferbefall.

Beuth Forum
Altbausanierung 2
Biofilme und funktionale Baustoffoberflächen
8. Dahlberg-Kolloquium vom
25. bis 26. September 2008
im Zeughaus Wismar
Herausgeber: Helmuth Venzmer
1. Auflage 2008. 228 S.
A5. Broschiert.
48,00 EUR
ISBN 978-3-410-16893-5

Beuth Forum
Altbausanierung 3
Bauphysik und Bausanierung
19. Hanseatische Sanierungstage
vom 13. bis 15. November 2008
im Ostseebad Heringsdorf/Usedom
Herausgeber: Helmuth Venzmer
1. Auflage 2008. 284 S.
A5. Broschiert.
48,00 EUR
ISBN 978-3-410-16894-2

Bestellen Sie unter:
Telefon +49 30 2601-2260
Telefax +49 30 2601-1260
info@beuth.de
www.beuth.de

Injektionstechnik
Mischtechnik
Spritztechnik

Rissinstandsetzung
mit dem DESOI-Spiralankersystem

Die Vorteile des DESOI-Spiralankersystems liegen im minimalen Eingriff in das Mauerwerk und in der universellen Einsetzung für alle Mauerwerksarten.

30 Jahre Know-how –
wir beraten Sie gerne!

DESOI GmbH
Gewerbestraße 16
D-36088 Kalbach/Rhön

Tel.: +49 6655 9636-0
Fax: +49 6655 9636-6666

E-Mail: info@desoi.de
Internet: www.desoi.de

Das Verlagsprogramm
auf CD-ROM komplett und kostenlos

// Gesamtverzeichnis
// Elektronische Medien
// DIN-Taschenbuchverzeichnis
// DIN-Tagungen & DIN-Seminare
// DVS-Katalog

Bestellen Sie unter:
Telefon +49 30 2601-2260
Telefax +49 30 2601-1260
info@beuth.de
www.beuth.de

Bestell-Nr. 97861

Berlin · Wien · Zürich

Praktische Beispiele für die Anwendung des Radarverfahrens 4

Untersuchungen zum Mauerwerksaufbau 4.1

Objektvorstellung

Die denkmalgeschützte **katholische Pfarrkirche „St. Alexander und Georg"** wurde Anfang des 13. Jh. als Gründung des Klosters Ottobeuren erwähnt. Sie steht im Ortskern von **Niedersonthofen** im Oberallgäu und gilt als bedeutende spätgotische Kirche im Landkreis Sonthofen. Die heutige Kirche geht auf einen großen Neubau um die Jahrhundertwende 15./16. Jh. zurück. Die schadhafte Nordmauer wurde 1818 abgebrochen und neu errichtet.

Parallel zur Nordseite erstreckt sich der Friedhof an einem Hang. Die Kirche ist weitgehend auf Fels gegründet. Das verputzte Mauerwerk besteht aus Bruch- und Rollsteinen. Lediglich die Fenster- und Türgewände sowie die Stirnseiten der Strebepfeiler sind steinsichtig. Hierbei handelt es sich vermutlich um einen Schilfsandstein. Die Westfassade und der Turm sind ortsüblich mit Holzschindeln verkleidet (Bilder 4.1 und 4.2).

Die Außenwände der Kirche sind stark feuchte- und salzbelastet. Bisher erfolgte in regelmäßigen Abständen eine Sanierung und Neuverputzung der Außenwände mit einer Standzeit von ca. 20 Jahren (Bild 4.3). Die Feuchte- und Salzbelastungen konnten mit den bisherigen Sanierungsmaßnahmen allerdings nicht behoben oder deut-

Bild 4.1: Katholische Kirche „St. Alexander und Georg", Niedersonthofen

Bild 4.2: Innenansicht, Chor eingewölbt; im Kirchenschiff reich verzierte Flachdecke

Bild 4.3: Südwand mit Feuchte- und Salzschäden

lich reduziert werden. So sollte bei der 2006 anstehenden Sanierung u. a. mittels Mauersägeverfahren eine Horizontalsperre in das Außenmauerwerk eingebracht werden. Das Mauerwerk wird dabei abschnittsweise horizontal durchtrennt, wobei mit Spannungsumlagerungen gerechnet werden muss. Um Schäden an der Kirche möglichst auszuschließen, wurde eine Vernadelung der Wände geplant. Zunächst erfolgte mittels sieben Kernbohrungen eine Bestandserkundung. Dabei wurde ersichtlich, dass das Mauerwerk ca. 100 cm dick ist und im Wesentlichen aus Bruch- und Feldsteinen besteht. Es gab Hinweise auf ein mehrschaliges Mauerwerk, bei dem die Außenwände mit großen Steinen ausgeführt worden sind. Dazwischen befindet sich eine Innenfüllung, vermutlich aus kleinteiligen Steinen und Mörtel, welche wenig standsicher ist und Hohlräume aufweist. Der Mörtel ist insbesondere in den durchfeuchteten und versalzenen Bereichen sehr weich und stark zersetzt.

Aufgabenstellung

Anhand der wenigen Bohrungen konnte nicht ausreichend zuverlässig beurteilt werden, wie die hohen Mauerwerkswände konstruktiv ausgesteift und stabilisiert sind. Auch waren damit keine Aussagen zum Zustand und der Standsicherheit der Innenfüllung möglich.

Im Inneren der Kirche sind Auswölbungen der Wände an der Süd- und Nordseite des Kirchenschiffes ersichtlich (Bild 4.4). Dafür könnten Ablösungen der Außenwände von der Innenfüllung ursächlich sein. Die bei den Sägearbeiten zu erwartenden Schwingungen würden vorhandene Ablösungen unter Umständen verstärken und zum Kollaps der Außenwand führen. Deshalb sollten im Vorfeld der Sanierungsplanungen mit zerstörungsfreien Verfahren großflächig der aktuelle Zustand des Mauerwerkes, die Konstruktion der Wände, evtl. vorhandene Hohlräume oder Schalenablösungen sowie das Ausmaß der Feuchte- und Salzbelastung beurteilt werden.

Untersuchungen

In einer ersten zweitägigen Messkampagne wurde zunächst das Mauerwerk weitgehend komplett nach Struktur und Zustand untersucht. Dazu gehörten die Beurteilung des Wandaufbaus wie Mehrschaligkeit, mögliche Verzahnung der Außenwand mit der Innenfüllung, der Zustand der Innenfüllung und die Ortung von Hohlräumen oder Schalenablösungen. Weiterhin wurde nach Hinweisen auf bauliche Strukturen (Bindersteine) gesucht, die zur Stabilität der Mauern beitragen.

Bild 4.4: Ausbauchungen an der Südwand

Bild 4.5: Radarmessungen mit der 900-MHz-Antenne an der Südwand

Dafür wurden alle Mauern von außen mit Hilfe eines kleinen Hubsteigers untersucht (Bild 4.5). Im Inneren der Kirche wurden die über Leitern und einfache Hilfsgerüste zugänglichen Stellen bearbeitet. An den Wandoberflächen wurden parallele vertikale Radarprofile in einem Abstand von 30 cm aufgenommen. Da an den Radardaten vor Ort zu erkennen war, dass mit der 900-MHz-Antenne der gesamte Wandquerschnitt erfasst werden kann, war eine flächige Untersuchungen von nur einer Seite, hier der Außenseite, ausreichend.

Die Messungen wurden ausgewertet, die Daten interpretiert und auf dieser Grundlage wurde dann in Absprache mit den anderen Projektbeteiligten eine zweite eintägige Messkampagne festgelegt. Auf der Basis der bereits vorhandenen Ergebnisse erfolgten gezielt detailliertere Untersuchungen mit hochauflösendem Radar nach Steineinbindetiefen. Diese Messungen wurden dann nur an speziell ausgewählten kleineren Flächen durchgeführt.

Ergebnisse an der südlichen Außenwand

Die Auswertung und Interpretation der Messungen erfolgten anhand der aufgenommenen Radargramme. Das Bild 4.6 zeigt ein Beispielradargramm an der Südseite des Kirchenschiffes. Drei etwa linear verlaufende Reflektoren sind gut zu erkennen. Die Wandrückseite als Reflektor zum Kircheninneren zeichnet sich besonders deutlich ab. Die gesamte südliche Kirchenschiffswand wird nach oben dünner und ist an der Traufe nur ca. 95 cm stark. In einer Höhe von ca. 2,50 m ab Geländeoberkante ist die Wand ca. 115 cm dick. Bis in diese

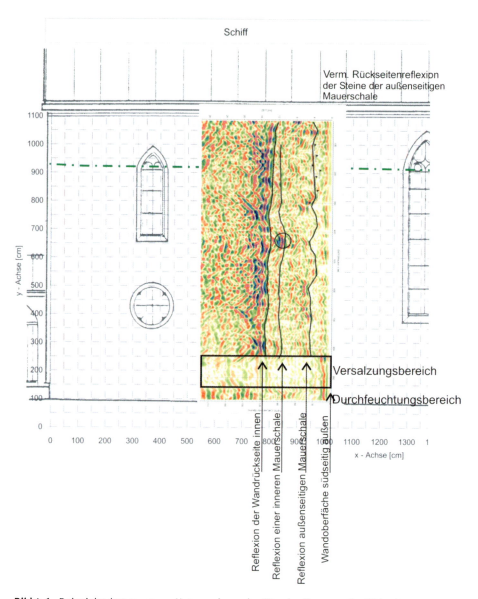

Bild 4.6: Beispielradargramm zur Untersuchung des Wandaufbaus an der Südseite

Höhe sind keine Strukturen als Reflexionen im Radargramm erkennbar. Ursächlich dafür sind die starken Versalzungen im Mauerwerk, die die elektromagnetischen Wellen absorbieren. In diesem hoch absorptiven Bereich sind folglich keine Aussagen zum Wandaufbau möglich. In dem darüber liegenden nicht versalzenen Bereich ist der mehrschalige Wandaufbau anhand der linearen Reflektoren jedoch gut erkennbar.

Von der Kirchenaußenseite betrachtet beträgt die Dicke der ersten Wandschale ca. 30 cm. Diese Mauerschale weist Versprünge auf, was auf eine Verzahnung mit der Innenfüllung schließen lässt. Die Innenfüllung ist ca. 40 cm stark und relativ inhomogen. Sie besteht vermutlich aus kleinen Steinen mit hohem Mörtelanteil.

Nur lokal an der eingekreisten Stelle im Radargramm ist ein Bereich mit anderen Materialeigenschaften als das umliegende Material vorhanden. Vermutlich handelt es sich hier um einen Hohlraum oder einen Baustoff mit deutlich anderen elektrischen Materialeigenschaften (Steinwechsel oder Holz möglich). Diese Reflexion ist nur lokal im Wandquerschnitt vorhanden und hat keine Auswirkungen auf die Standfestigkeit der Wand. Eine Bauteilöffnung für Kalibrierungszwecke ist daher nicht erforderlich.

Die innenraumseitige Mauerschale ist unten ca. 30 cm dick und an der Traufe als Mauerschale nicht mehr auflösbar. Hier ist das Mauerwerk einschalig.

Aufgrund der hohen Messprofildichte konnten für die weitere Auswertung Zeitscheiben (Tiefenhorizonte) hoher Qualität berechnet werden. Hier zeichnen sich in den gewählten Tiefen die entsprechenden Reflexionen in deren flächenhaften Ausdehnung gut ab.

Im Bild 4.7 ist eine Zeitscheibe in einem Tiefenbereich von ca. 30 cm bis 90 cm an der Südwand dargestellt. Damit wird etwa der Bereich der Innenfüllung erfasst. Die Interpretationen der Radardaten wurden in einen Ansichtsplan übertragen und lagegetreu zugeordnet und bewertet (Bild 4.8).

Bei den dunkelblauen bis schwarzen unteren Bereichen handelt es sich um das sehr absorptive feuchte und versalzene Mauerwerk. Diese Bereiche reichen verspringend bis ca. 4,00 m über die Geländeoberkante (Bereich 14, Bild 4.8).

Die Rot- und Gelbfärbung zeigt eine erhöhte Reflektivität. Ursache ist eine inhomogene Innenfüllung bestehend aus kleinteiligen Bestandteilen wie Mörtel, Steinen und kleinen Hohlstellen. Im Anschlussbereich Kirchenschiff – Chor ist die Innenfüllung im Gegensatz kaum reflektiv und kann daher als homogen, kompakt und weniger hohlraumreich beurteilt werden (Bereich 16, Bild 4.8).

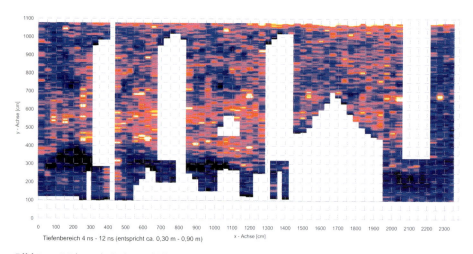

Bild 4.7: Südwand Kirchenschiff, Zeitscheibe für einen Tiefenbereich von ca. 30 cm bis 90 cm – Bereich der Innenfüllung

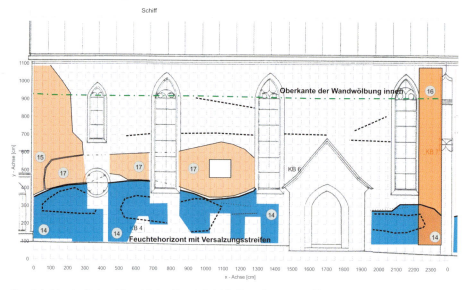

Bereich 14: stark durchfeuchteter Bereich inkl. Versalzungsstreifen
Bereich 15: homogene und kompakte Innenfüllung, wenige Hohlräume
Bereich 16: homogene und kompakte Innenfüllung, eher keine Hohlräume
Bereich 17: vergleichsweise inhomogene Innenfüllung, vermutlich hoher Hohlraumgehalt
Gestrichelte Linie: evtl. Lagen von Bindersteinen

Bild 4.8: Südwand Kirchenschiff, Darstellung und Interpretation der Ergebnisse

Überdurchschnittlich inhomogen und vermutlich mit einer Häufung von Hohlstellen ist ein ca. 2,50 m starker Bereich, der sich über die gesamte Südwand erstreckt. Er beginnt ab Unterkante der Fensteröffnungen und dehnt sich nach oben bis in eine Höhe von ca. 6,50 m aus (Bereich 17, Bild 4.8).

Die Innenfüllung im Anschlussbereich zur Westfassade scheint hohlraumreicher und kleinteiliger zu sein. Dieser Bereich erstreckt sich über die gesamte Höhe von der Südwest-Ecke bis zum ersten Fenster (Bereich 15, Bild 4.8).

In zwei Höhenlagen zwischen den großen Fenstern können Bindersteine vermutet werden, bei ca. 7,0 m und bei ca. 9,0 m (gestrichelte Linie in Bild 4.8).

Die Radardaten haben ergeben, dass es keine Ablösungen der Außenschale von der Innenfüllung gibt. Des Weiteren sind in den Wänden keine größeren Hohlräume vorhanden, die die Standsicherheit beeinträchtigen könnten. Die unterschiedlichen Qualitäten der Innenfüllungen können auf Bauabschnitte in der Entstehungszeit und/oder auf Umbauten zurückgeführt werden. Für eine weiterführende vergleichende Bewertung könnten jetzt ganz gezielt Bohrkerne entnommen werden.

Auf der Basis einer fachübergreifenden Diskussion der Ergebnisse und der Sichtung alter Bauakten wurde beschlossen, der Frage nach einer Verzahnung der äußeren Mauerschale in die Innenfüllung und evtl. vorhandener tiefer einbindender Steine gezielt nachzugehen.

Einige wenige und gezielt ausgewählte Messbereiche wurden deshalb mit der hochauflösenden 1,5-GHz-Antenne in kurzen und engen Profilen abgefahren. Aufgrund dessen, dass das Mauerwerk verputzt war, mussten horizontale und vertikale Profile aufgenommen werden. Bei unverputztem Mauerwerk ist es für die Bestimmung von Steineinbindetiefen ausreichend, wenn die Antenne mittig entlang der Steinreihen gefahren wird. Durch diese hohe Messdichte können die Reflexionen einzelner Mauerwerkssteine an verputzten Oberflächen unterschieden werden. Exemplarisch werden die Ergebnisse am südlichen Außenmauerwerk des Schiffes gezeigt (Bild 4.9). Hier hatte das Messfeld eine Größe von ca. 3,80 m^2. In den Radargrammen ist deutlich zu erkennen, dass die Steine der Außenschalen versetzt in die Innenfüllung einbinden. Die Einbindetiefen erstrecken sich meistens über einen Bereich von ca. 30 cm bis ca. 60 cm. Über den gesamten Mauerquerschnitt durchbindende Steine konnten nur vereinzelt lokalisiert werden. Bereiche mit tiefer einbindenden Steinen sind in der zugehörigen Zeitscheibe im Bild 4.9 grau umrissen. Es handelt sich nicht um einen systematischen Einbau von durchgehenden Bindersteinen.

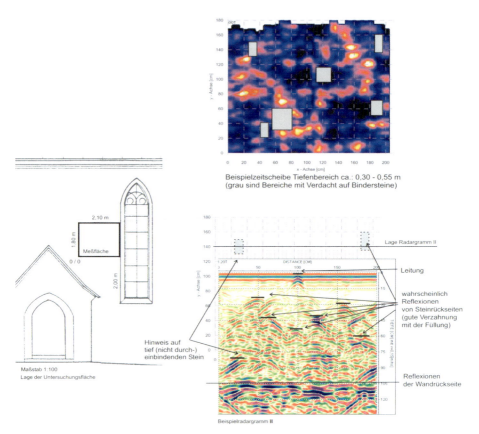

Bild 4.9: Südliche Kirchenschiffwand, Radardaten der Detailmessungen zur Beurteilung der Verzahnung der Mauerschalen

Die Einbindetiefen der Steine der Außenwand erstrecken sich über einen Bereich von ca. 30 cm bis ca. 60 cm. Durch deren Versatz entsteht eine gute Verzahnung mit der Innenfüllung. Über den gesamten Wandquerschnitt bindende Steine wurden nur sehr lokal und unsystematisch verteilt gefunden.

Zusammenfassung

Die Außenwände der Kirche bestehen aus einem verputzten Bruchsteinmauerwerk und sind leicht verspringend ca. 80 cm bis 120 cm dick. Es handelt sich bis auf die Ostwand der Sakristei sowie die Strebebögen um ein mehrschaliges Mauerwerk bestehend aus den drei Schalen Außenwand – Innenfüllung – Außenwand. Die Dicke der beiden Außenwände beträgt im Mittel ca. 30 cm. Die Steine der Außenschalen binden in die Innenfüllung mit Versätzen ein. Die Einbindetiefen betragen ca. 30 cm bis 60 cm, vereinzelt sind sie kürzer und länger. Somit entsteht eine gute Verzahnung und Stabilität der einzelnen Schalen. Durchgehende Bindersteine sind nur vereinzelt und unsystematisch vorhanden.

Schalenablösungen und größere Hohlstellen in der Innenfüllung konnten nicht lokalisiert werden. Die Innenfüllung ist unterschiedlich homogen, es gibt Bereiche mit deutlich höherem Hohlraumgehalt und größerer Inhomogenität bzw. Materialunterschieden. Qualitativ veränderte Innenfüllungen sind besonders in den Bereichen vorhanden, die in der Vergangenheit baulich verändert bzw. erneuert worden sind.

Für die im Inneren entlang der Kirchenschiffswände nord- und südseitig vorhandenen Ausbauchungen im oberen Bereich der Fenster sind nicht Schalenablösungen die Ursache. In den Radardaten konnten keine dafür typischen Reflexionen erkannt werden. Schalenablösungen und großflächige Hohllagen wurden nicht gefunden. Vereinzelt gibt es kleinere Steinhohllagen, meist in Tiefen von ca. 30 cm bis 50 cm, die aber unbedenklich sind.

Das Mauerwerk ist sehr stark durchfeuchtet und versalzen. Die Höhe des Feuchtehorizonts verspringt, beträgt aber mindestens 2 m und außen oft bis zu 4 m. An allen Außenwänden konnte ein Versalzungshorizont sehr gut abgegrenzt werden. Dieser hat i.d.R. eine Breite von ca. 1 m.

Aufgrund dieser Voruntersuchungen konnte in Vorbereitung für das Mauersägeverfahren die Anzahl der Nadeln zum Verankern der Mauerschalen um 29 % und die Bohrfläche um 38 % auf 0,6 m² reduziert werden. Die Positionierung der Nadeln konnte optimiert werden, da die tiefer ein- und vereinzelt durchbindenden Steine angerechnet wurden. Auf eine zunächst geplante Vernadelung der Strebepfeiler konnte komplett verzichtet werden.

Bestimmung von Feuchte- und Salzverteilung   4.2

Objektvorstellung

Die **Fronhofer Kirche** steht am Ortsrand von **Wehingen** und ist von einem Friedhof umgeben (Bild 4.10). In südlicher Richtung erstrecken sich hinter der Kirche zwei leichte Hanglagen und ein Bach. Die Wasserführung erfolgt nach ortskundiger Angabe in Richtung der Kirche, ist aber bereits vor einiger Zeit gefasst worden.

Bild 4.10: Fronhofer Kirche in Wehingen

Bild 4.11: Verwendeter Tuffstein bei der nördlichen Friedhofsmauer und den Kirchenmauern

Bild 4.12: Innenraum der Kirche; an den Wänden starke Feuchte- und Salzschäden erkennbar

Die Dicke der verputzten Mauern beträgt ca. 1,20 m. Anhand der entnommenen Materialproben und der Putzfehlstellen kann angenommen werden, dass die Außenwände aus ähnlichem Material wie die nördliche Friedhofsmauer, aus Tuffstein, bestehen (Bild 4.11).

Bei dem Turmmauerwerk handelt es sich um ein einschaliges und sehr solide vermauertes Buntsandsteinmauerwerk mit einer Dicke von ca. 2,40 m.

Der Natursteinboden im Inneren ist neueren Datums. Unter dem Naturstein ist eine ca. 20 cm dicke Estrichschicht, darunter befindet sich eine Folie als Trennschicht (Bild 4.55).

Im Fundamentbereich ist eine umlaufende Betonvorsatzschale vorhanden, die aber weder bis zur Geländeoberkante noch bis zum Fundamentfuß reicht. Wasser kann ober- und unterhalb ungehindert in das Mauerwerk eindringen.

Aufgabenstellung

Das gesamte Mauerwerk der Kirche weist sehr starke Durchfeuchtungen und Versalzungen auf. Sämtliche Außenwände und auch die Trennwand zwischen Langhaus und Chor sind betroffen. Optisch erkennbar reichen diese belasteten Zonen bis in Höhen von ca. 3,0 m (Bilder 4.13 bis 4.15). Insbesondere im Fußbodenbereich kommt es innen zu größeren schalenförmigen Ausbrüchen und Abplatzungen. Unter den Ausbrüchen sind teilweise Ziegel zu erkennen. Die Putzdicke ist sehr unterschiedlich und beträgt bis ca. 5 cm. Bis in Höhen von ca. 3,0 m liegen an allen Wänden größere Putzhohllagen vor. Es handelt sich oft um einen Zementputz, der auf einem weicheren Kalksteinaufbau aufgetragen wurde. Eine detaillierte Schadenserfassung mit Materialproben und Feuchte- und Salzanalyse wurde von Spezia-

Bild 4.13: Exemplarische Schadensbilder an der Südfassade

Bild 4.14: Schadensbilder an der Südwand innen; Radarmessung von außen

Bild 4.15: Schadensbilder an der Ostwand

listen einer Materialprüfanstalt vorgenommen. Dazu wurden neben Kratz- und Mörtelproben auch sechs Bohrkerne entnommen und analysiert.

Für die Sanierungsplanung sollte das Ausmaß der Durchfeuchtung und Versalzung in den Wänden erfasst werden und wenn möglich der Wandaufbau untersucht werden. Der zur Verfügung stehende Kostenrahmen war sehr beengt, sodass versucht werden musste, mit einem minimalen Messprogramm möglichst viele Erkenntnisse zu erhalten.

Untersuchungen

Die Untersuchungsbereiche wurden auf der Basis der bereits vorhandenen Erkenntnisse aus den Bohrungen und Materialuntersuchungen ausgewählt. Aufgrund des sehr begrenzten Kostenrahmens wurde je Außenmauer nur ein exemplarischer Bereich, soweit ohne Gerüst zugänglich, bearbeitet. Im Inneren wurden das Umfeld der Tabernakelstele sowie das Mauerwerk nördlich und südlich vom Chorbogen aus Stubensandstein untersucht. Es wurden insgesamt sieben Teilflächen mit einer Größe von ca. 6 m^2 bis 9 m^2 vermessen (Bilder 4.16, 4.17 und 4.18).

Mit den Radaruntersuchungen sollte neben der Aufklärung der Mauerstruktur die Ausdehnung und Verteilung des Feuchte- und Salzhorizonts bestimmt werden. Zusätzlich zum Versalzungs- und Feuchtezustand sollte bei dem Chorbogen aus Stubensandstein die Einbindetiefe der Bogenrandsteine ermittelt werden.

Aufgrund der Aufgabenstellung, der örtlichen Gegebenheiten und der erforderlichen Auflösung und Eindringtiefe kamen verschiedene Radarantennen zum Einsatz. Die dickeren Außenwände wurden mit einer 400-MHz-Antenne und die dünnere Chorwand mit einem

Bild 4.16: Radarmessung an der Außenwand entlang des Messrasters

Bild 4.17: Untersuchungsbereich nördliche Chorwand ostseitig

900-MHz-Sensor bearbeitet, teilweise wurden auch beide Antennen eingesetzt. Prinzipiell ist eine hohe Feuchte- und Salzbelastung erschwerend für Strukturuntersuchungen in den betroffenen Mauerwerksbereichen. Die Radarsignale werden hier so stark absorbiert, dass keine Aussagen zum Mauerwerksaufbau getroffen werden können. Jedoch zeigen die absorptiven Bereiche wiederum die Stellen mit dem sehr hohen Versalzungsgrad deutlich auf.

Die Messergebnisse wurden dann bei der Auswertung lagegetreu zugeordnet und maßstäblich in digitalisierte Ansichtspläne und Grundrisse eingetragen. Die Ergebnisse der Radaruntersuchungen wurden später in einem fachübergreifenden Informationsaustausch mit allen Projektbeteiligten diskutiert und dienten als Unterstützung für die Erarbeitung von Sanierungsvorschlägen.

Ergebnisse an der westlichen Außenwand

Die Antenne wurde dabei von unten ab Geländeoberkante bis zu einer maximal möglichen Reichweite von ca. 3,60 m an der Wandfläche entlanggefahren. Bild 4.18 zeigt exemplarisch ein typisches Radargramm. Der untere Mauerbereich bis ca. 110 cm ist sehr stark durchfeuchtet, die Wellengeschwindigkeit ist hier stark verringert. Dies ist daran zu erkennen, dass die Reflexionen der Rückwand im Radargramm sehr viel später auftreten als bei einer Wandstärke von 120 cm zu erwarten ist. Ab einer Höhe von ca. 110 cm beginnt der Bereich der Versalzung. Die Radarsignale werden so stark absorbiert, dass die Rückwand und andere Strukturen nicht mehr zu erkennen sind. Dieser Versalzungsstreifen ist ca. 115 cm stark. Ab einer Höhe von 225 cm ab Geländeoberkante ist das Mauerwerk deutlich weniger durchfeuchtet und versalzen. Es können hier sogar anhand der Reflexionen Mauerschalen und die Wandrückseite erkannt werden.

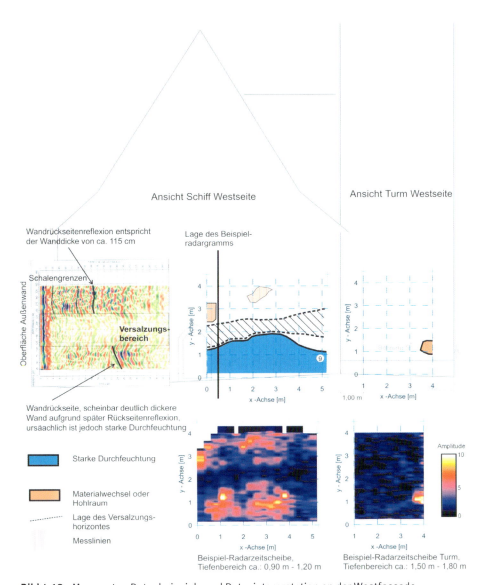

Bild 4.18: Messraster, Datenbeispiele und Dateninterpretation an der Westfassade

Oberhalb des Salzhorizontes ist die Mauer normal durchfeuchtet. In den Radargrammen erscheint die Reflexion der Wandrückseite nach einer Wellenlaufzeit, die etwa der bei einer Wanddicke von ca. 120 cm entspricht. Sehr schwach zeichnen sich lineare Reflexion in Wandtiefen von ca. 30 cm und ca. 80 cm ab. Diese können als Schalengrenzen interpretiert werden. Somit hat die westliche Wandschale eine Dicke von etwa 30 cm, die Innenfüllung eine Stärke von ca. 60 cm und die innenraumseitige Wandschale eine Dicke von ca. 30 cm. Hinweise auf Schalenablösungen oder Hohlstellen gibt es in diesem Messfeld nicht.

Aufgrund einer ausreichenden Anzahl vertikaler paralleler Radargramme mit einem Abstand von ca. 30 cm konnten für dieses Messfeld Zeitscheiben in verschiedenen Wandtiefen berechnet werden. Die im Bild 4.18 enthaltene Zeitscheibe zeigt Reflexionen unterschiedlicher Stärke in einem Tiefenbereich von ca. 90 cm bis 120 cm.

Die Rot- und Gelbtöne verdeutlichen relativ hohe Reflexionsstärken. Ursächlich dafür sind die Reflexionen von der Wandrückseite im Kircheninneren. In den blauen und schwarzen Bereichen treten kaum Reflexionen auf. So zeichnet sich gut erkennbar der besonders stark versalzene Bereich ab.

Bis auf die beiden in Orange umrandeten Stellen im Ergebnisplan im Bild 4.18 konnten in den Radardaten keine Bereiche mit auffälligen Reflexionen gefunden werden. Ursache für diese beiden lokalen Reflexionen können Hohlstellen bzw. Materialveränderungen sein. Diese treten aber nur lokal auf und beinträchtigen die Standsicherheit der Wand nicht. Prinzipiell kann die Wand im Inneren in den unversalzenen Bereichen als homogen beurteilt werden.

Die Radardaten am Turm zeigen ein sehr homogenes Mauerwerk ohne Feuchte- und Salzeinwirkungen. Es bestätigt sich hier das kompakte einschalige und schadensfreie Buntsandsteinmauerwerk (Bild 4.18 rechts).

Ergebnisse an der nördlichen Chorwand ostseitig

Dieser Mauerwerksbereich wurde an östlicher und westlicher Seite gemessen (Bild 4.19). Im Bild 4.20 sind neben dem Messraster die Ergebnisse als Zeitscheibe und deren Interpretation an der Wandansichtsfläche dargestellt. Die Bereiche mit hohen Salzgehalten lassen sich aufgrund hoher Signalabsorption (dunkelblau, schwarz) in der Zeitscheibe gut eingrenzen. Diese starke Versalzung betrifft die Bogensteine bis in eine Höhe von ca. 4 m und einen ca. 3 m bis 2 m breiten Streifen in Richtung nördlicher Außenwand (schraffiert im Bild 4.20).

Praktische Beispiele für die Anwendung des Radarverfahrens

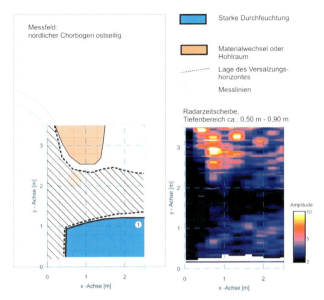

Bild 4.19: Radarmessung an der nördlichen Chorwand westseitig

Bild 4.20: Nördliche Chorwand ostseitig, Radarergebnisse als Tiefenhorizont
Der Versalzungsbereich lässt sich aufgrund der hohen Absorption gut eingrenzen.

Die hohen Reflexionen (gelb, rot) geben Hinweise auf einen Materialwechsel oder Hohlstellen in der Innenfüllung (orangefarbene Bereiche in Bild 4.20). Unterhalb des Versalzungsstreifens ist der Feuchtehorizont in der Wand weniger stark ausgeprägt als an den Außenwänden und weniger absorptiv erkennbar (Bereich 1, hellblau in Bild 4.20).

Ergebnisse an der nördlichen Chorwand westseitig und Bogensteine

Das Bild 4.21 zeigt, dass der Versalzungshorizont an der westlichen Chorwand etwa dem an der gegenüberliegenden östlichen Seite entspricht. Hier ist im unteren Bereich die Wand aber weniger stark und in deutlich geringerer Ausdehnung durchfeuchtet.

Das Radargramm wurde an der Bogenunterseite aufgezeichnet. Anhand der starken Signalabsorptionen zeichnet sich wieder sehr gut der versalzene Bereich ab Oberkante Boden bis in eine Höhe von ca. 2 m ab. Aufgrund der im darüber liegenden Bereich fehlenden Salze ist das Mauerwerk für das Radar wieder transparenter; es zeichnen sich Strukturen wie Steinrückseiten als Reflektoren ab. So kann gut erkannt werden, dass die Bogenrandsteine unterschied-

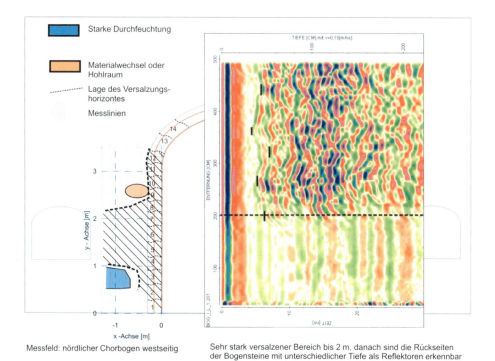

Messfeld: nördlicher Chorbogen westseitig   Sehr stark versalzener Bereich bis 2 m, danach sind die Rückseiten der Bogensteine mit unterschiedlicher Tiefe als Reflektoren erkennbar

Bild 4.21: Nördliche Chorwand westseitig
Im an der Bogensteinunterseite aufgezeichneten Radargramm sind Steineinbindetiefen erst ab 2 m gut erkennbar.

lich lang in das angrenzende Mauerwerk einbinden und mit diesem verzahnt sind. Die Einbindetiefe beträgt im Wechsel ca. 30 cm und ca. 50 cm.

Ergebnisse an der südlichen Chorwand westseitig und Bogensteine

Das Radargramm im Bild 4.22 wurde am südlichen Chorbogen wieder entlang der Bogenunterseite aufgenommen. Die Radardaten werden hier wesentlich stärker und über die gesamte Länge des Profils von ca. 4,50 m absorbiert.

Der südliche Chorbogen und das anschließende Mauerwerk sind viel stärker versalzen als der nördliche Chorbogen. Die hohe Salzbelastung erstreckt sich etwa bis zum Scheitel, wobei der untere Bereich bis ca. 2 m besonders stark betroffen ist. Steineinbindetiefen können nicht angegeben werden.

Praktische Beispiele für die Anwendung des Radarverfahrens

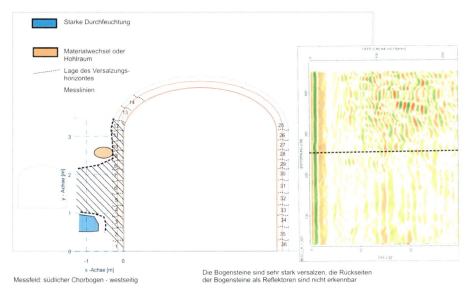

Bild 4.22: Südliche Chorwand westseitig
Aufgrund der starken Absorption durch Salze können keine Angaben zur Steineinbindetiefe gemacht werden.

Zusammenfassung

Es wurde festgestellt, dass alle untersuchten Außenwände über den ganzen Mauerquerschnitt stark versalzen und durchfeuchtet sind. Die Chorwand ist jedoch weniger stark durchfeuchtet als die Außenwände.

Der Durchfeuchtungshorizont reicht ab Geländeoberkante bis in eine Höhe von ca. 1,50 m, teilweise auch höher bis ca. 2,00 m. Oberhalb des Feuchtehorizonts befindet sich an allen Außenwänden ein stark ausgeprägter Versalzungshorizont mit einer Breite von ca. 1,50 m bis 2,00 m.

Obwohl nur vereinzelte Bereiche je Wandfläche untersucht wurden, kann aber aufgrund des optischen Befundes und der Ergebnisse der Materialentnahmen und Prüfungen davon ausgegangen werden, dass das gesamte Kirchenmauerwerk ringsum über diese Höhe betroffen ist. Folglich ist die Ursache der starken Durchfeuchtung nicht lokal eingrenzbar. Das gesamte Bauwerk ist etwa gleichmäßig betroffen, was in das Konzept der Sanierungsplanung einzubeziehen ist.

Beim Chorbogen hat sich gezeigt, dass der südliche und der nördliche Teil bis ca. 2 m sehr stark versalzen sind. Am nördlichen Teil geht dann der Versalzungsgrad deutlich zurück, am südlichen Teil sind auch die Bereiche über 2 m noch stark betroffen.

4.3 Beurteilung von Gewölberippen

Objektvorstellung

Der Baubeginn für die bestehende **evangelische Stadtkirche Bayreuth** war ca. 1370/80. Nach umfangreichen Brandschäden erfolgte u. a. eine Neuwölbung im Chor und Kirchenschiff über den erhaltenen Rippenanfängen ca. 1605 und 1607.

Beim Mittel- und den beiden Seitenschiffen sind Kreuz- und Netzrippengewölbe vorhanden (Bild 4.23).

Die Rippen haben gewölbeseitig eine Dicke von ca. 24 cm und eine Bauteilhöhe von ca. 32 cm. Raumseitig sind an der Unterkante dicke Putzschichten angetragen worden. Der eigentliche Sandstein ist hier nur ca. 3 cm stark. Dieser dicke Putz ist mittels Putzträgern aus Holz oder Metall am Sandstein befestigt worden. Unter der Farbschicht sind zahlreiche Ausbesserungen erkennbar. Zu einem früheren Zeitpunkt sind Risse und Abplatzungen bereits verschlossen worden, einzelne Rippen wurden bereits in das Gewölbemauerwerk rückverankert.

Für die Planung der Erhaltungs- und Sanierungsarbeiten sollte mittels zerstörungsfreier Untersuchungen exemplarisch der jetzige Zustand an einigen Gewölberippen beurteilt werden. Nach der Einrüstung wurde deutlich, dass die Gewölberippen vielfältige Schäden aufweisen. Neben starken Verformungen und Verschiebungen sind offene Risse, bereits sanierte Risse sowie Abplatzungen erkennbar (Bild 4.24).

Aufgabenstellung

Um das Ausmaß der Schädigungen einzelner Rippen und ggf. Schalenbildungen bzw. Hohllagen zum Gewölbe zu finden, wurden ausgewählte Bereiche mit dem Radarverfahren und ergänzend mit Ultraschall untersucht (Bilder 4.25 und 4.26). Das Radarverfahren ermöglicht Aussagen zur konstruktiven Situation, Ultraschallverfahren lassen Aussagen zur Materialfestigkeit zu. Es bestand die Befürchtung, dass aufgrund eines früheren Brandes ein Teil der Rippen brandgeschädigt ist und der Sandstein somit deutlich niedrigere Festigkeiten hat. Aufgrund der vorhandenen Rissbilder waren Ablösungen der Rippen von der Gewölbeschale zu vermuten.

Praktische Beispiele für die Anwendung des Radarverfahrens

Bild 4.23: Mittelschiff, Blick Richtung Westen

Bild 4.24: Risse an den Rippen

Bild 4.25: Rippenuntersuchung mit der 1,5-GHz-Antenne

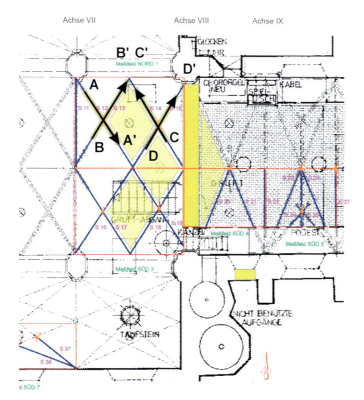

Lageplan, nicht maßstäblich

Bild 4.26: Lageplan mit den untersuchten Rippen

Untersuchung

Mit einer hochauflösenden Radarantenne wurde entlang der Seiten und der Unterkante der Rippen gefahren. Damit konnten die Rippen zum einen quer und zum anderen in Richtung Gewölbe durchstrahlt werden. Der Verlauf der Messprofile ist im Grundrissplan im Bild 4.26 dargestellt. Für die Zuordnung der Daten wurde der Nullpunkt in den Knoten der Rippen gelegt. Die Pfeile im Bild 4.26 zeigen die Messrichtung der Radarprofile.

Auf die Ultraschalluntersuchungen wird im Abschnitt 5.3 eingegangen.

Ergebnisse

Das Bild 4.27 zeigt zwei Radargramme, die an der Unterseite der Rippen S12 und S14 aufgezeichnet wurden. Damit wurden die gesamte Rippenhöhe und das anschließende Gewölbemauerwerk erfasst.

Die von den strukturellen Gegebenheiten verursachten Reflexionen sind unterschiedlicher Stärke und werden wie folgt interpretiert:

Relativ oberflächennah existieren Risse oder Fugen (Kennzeichnung Pfeil). Sehr starke Reflektoren geben den Hinweis auf offene Fugen bzw. einen offenen Spalt. Metallische Dübel zwischen den einzelnen Rippengliedern oder deren steinmetzmäßige Verzahnung verursachen die deutlichen Diffraktion in einer Tiefe von ca. 20 cm (Kennzeichnung a). Diese treten hier in regelmäßigen Abständen auf.

Wenn die Rippen nicht mehr kraftschlüssig am Gewölbemauerwerk anschließen, zeichnet sich dieser offene Spalt als starker linearer Reflektor ab. Das sind die mit b bezeichneten Stellen in den Radargrammen. Diese Reflektoren sind unterschiedlich stark, was auf unterschiedlich starke Ablösungen hinweist.

Das Radargramm A-A' zeigt, dass der Rippenbereich im Messprofilbereich zwischen ca. 30 cm und ca. 100 cm im rechten Teil der Messachse hohl liegt.

Das Radargramm C-C' zeigt im rechten Bereich des Messprofils einen Rippenabschnitt zwischen ca. 150 cm und ca. 200 cm. Aufgrund der relativ geringen Reflexionen kann ein kraftschlüssiger Anschluss an das Gewölbemauerwerk erwartet werden (b). Hier zeichnet sich deutlicher die Gewölberückseite als Reflektor ab (d).

In den Radardaten lässt sich weiterhin erkennen, dass die Schlusssteine (c) immer bis zur Gewölberückseite durchbinden. Es handelt sich um den Reflexionshorizont d rechts und links neben dem Nullpunkt in einer Tiefe von ca. 45 cm.

Praktische Beispiele für die Anwendung des Radarverfahrens

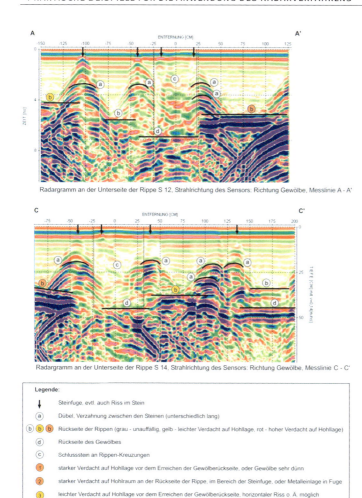

Bild 4.27: Radardaten an den Rippen S12 und S14

Aufgrund dessen, dass die Höhe der Rippensteine ausgemessen wurde, kann anhand der Radardaten die Dicke des Gewölbemauerwerkes mit 15 cm angegeben werden.

Die Radardaten zeigten weiterhin, dass die einzelnen Rippensteine sowie der Schlussstein am Kreuzungspunkt der Rippen unterschiedlich tief in das Gewölbemauerwerk einbinden. Damit besteht eine Verzahnung zwischen den Rippensteinen und dem Gewölbemauerwerk. Auf der Basis der Radaruntersuchungen konnten dann an den

Bild 4.28: Metallkeil aus einer Fuge zwischen zwei Gewölberippen

einzelnen Rippen die hohl liegenden Bereiche angezeichnet werden. Diese Hohllagen traten nicht vollflächig auf. Ein Verspannen der einzelnen Rippensteine erfolgt vermutlich u. a. über die Metallkeile (Bild 4.28).

Zusammenfassung

An ausgewählten Bereichen mit typischen Schadensbildern und einer guten Zugänglichkeit wurden die Gewölberippen untersucht. Mit dem Radarverfahren konnten Hohllagen der Rippen, Gewölbedicken, Dicken der einzelnen Rippensteine und deren Einbindung in das Gewölbemauerwerk angegeben werden. Risse und offene Fugen sowie metallische Verbindungsteile zeichnen sich gut ab. Diese Informationen waren insbesondere für den Nachweis der Standsicherheit des Gewölbes erforderlich.

4.4 Untersuchungen zum Gewölbeaufbau

Objektvorstellung

Bei dem **Oktogon vom Dom Aachen** handelt es sich um den karolingischen Zentralbau Karls des Großen, welcher um 800 errichtet wurde. Das Oktogon ist der früheste große kuppelüberwölbte Bau nördlich der Alpen. Erst 400 Jahre später werden höhere Gewölbe bei den gotischen Kathedralen gebaut. Bei dem Kuppelgewölbe über dem Oktogon handelt es sich um ein achtteiliges Klostergewölbe. Der Gewölbeschub wird durch ein weitgehend bekanntes System von Ringankern aus Kanteisen aufgefangen. Diese sind in verschiedenen Höhen ins Oktogonmauerwerk eingelassen. Weiterhin besaß das Klostergewölbe einen Holzanker in Höhe der äußeren Pilasterkapitelle. Die Kuppel ist innen mit einem vergoldeten Mosaik ausgeschmückt. Dachseitig ist auf dem gemauerten Gewölbe eine Estrichschicht vorhanden (Bilder 4.29 und 4.30).

Bild 4.29: Dom Aachen, Blick auf das Oktogondach von Nord-Ost

Bild 4.30: Radarmessung auf der Gewölbefläche mit verschiedenen Antennen und Eindringtiefen

Aufgabenstellung

Weitgehend vollflächig sollte der konstruktive Aufbau des Gewölbes beurteilt werden. Dabei war an einigen Stellen die Gewölbedicke zu bestimmen. Es war weiterhin zu klären, ob es Hohlräume oder größere Bereiche mit Materialwechseln bzw. Konstruktionsveränderungen in den Gewölbesegmenten gibt.

Untersuchungen

Das Radarverfahren wurde hier mit mehreren verschiedenen Sendern eingesetzt. Damit konnten neben einer unterschiedlichen Eindringtiefe auch unterschiedliche Auflösung bzw. Genauigkeiten erreicht werden (Bild 4.30). Zunächst wurden alle Oktogonfelder mit einem einheitlichen Messraster untersucht (Bilder 4.31 und 4.32). Einschränkungen in der Zugänglichkeit gab es bereichsweise aufgrund einer vorhandenen Holzkonstruktion, die den Zugang zum Chorgewölbe ermöglicht. Schon bei der Datenerfassung vor Ort wurde deutlich, dass insbesondere bei einem Oktogonfeld Besonderheiten vorhanden sind. Hier traten lokal stärkere Reflexionen auf. Das Messraster wurde dann in Absprache mit dem Dombaumeister dahingehend geändert, dass zwei unauffällige Felder und das auffällige Feld engmaschiger mit einer hochauflösenden Antenne untersucht wurden. Es handelte sich um die im Bild 4.31 bezeichneten Felder 2 und 6 bzw. 3.

Die Auswertung der Radardaten erfolgte in diesen drei Feldern in Form von Zeitscheiben. Darin ist anhand der farbkodierten Darstellung der Reflexionsstärken ein Vergleich innerhalb der drei Oktogonfelder sehr gut möglich.

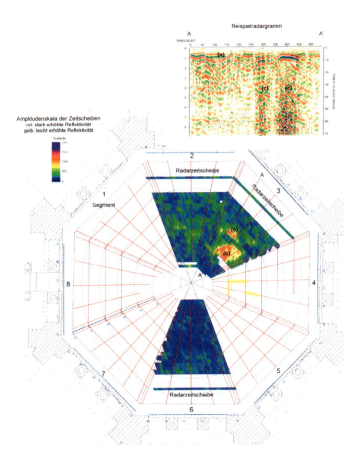

Bild 4.31: Radardaten als Zeitscheiben am Gewölbe in einem Tiefenbereich von ca. 32 cm bis 68 cm

Ergebnisse zum Gewölbeaufbau

Im Bild 4.31 werden die Radardaten als Zeitscheiben für die Messfelder 2, 3 und 6 gezeigt. Ergänzend dazu ist ein Radargramm dargestellt.

Die Felder 2 und 6 sind unauffällig aufgrund etwa einheitlicher geringer Reflexionen, erkennbar an der Blau- und Grüntönung. Im Feld 3 befinden sich zwei größere Bereiche, bei denen die Radarsignale deutlich stärker reflektiert werden. Dies ist an der Rot- und Gelbfärbung zu erkennen. Im Radargrammbeispiel A-A' aus diesem Feld zeigen sich ebenfalls die beiden Bereiche als stärkere Reflexionen

(Markierung c im Radargramm). Die Radardaten wurden zunächst dahingehend interpretiert, dass es sich hier um einen Wechsel des Baumaterials in einer Tiefe von ca. 30 cm bis 40 cm handeln könnte. Beispielsweise könnten dies spätere Ausbesserungen, Sanierungen oder die lokale Verwendung eines anderen Gesteins sein.

Die ansonsten unauffälligen Radardaten werden dahingehend interpretiert, dass das Gewölbemauerwerk aus einem relativ einheitlichen groben Gestein wie etwa Travertin hergestellt worden ist. Einzelne Steinquader mit differierenden Materialien zeichnen sich nicht ab. Die Putzschicht über den Steinquadern kann mit ca. 3 cm bis 5 cm angegeben werden.

Lokal sind weitere kleinere Bereiche mit Materialwechseln im Gewölbeinneren festgestellt worden. Alle auffälligen Bereiche wurden in den Grundrissplan des Gewölbes eingezeichnet. Zusätzlich wurde deren Tiefenbereich angegeben (Bild 4.32).

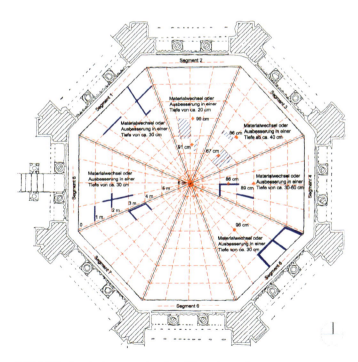

Bild 4.32: Ergebnisse aus den Gewölbeuntersuchungen entsprechend dem Messraster (gestrichelte Linien), dargestellt im Grundrissplan

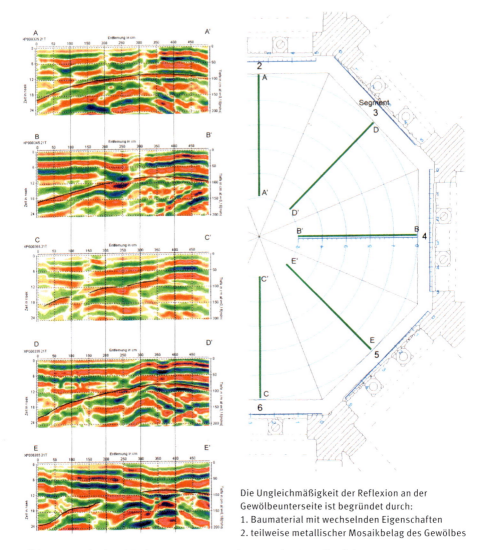

Die Ungleichmäßigkeit der Reflexion an der Gewölbeunterseite ist begründet durch:
1. Baumaterial mit wechselnden Eigenschaften
2. teilweise metallischer Mosaikbelag des Gewölbes

Bild 4.33: Verlauf und Radargramme zur Bestimmung der Gewölbedicken

Ergebnisse zur Bestimmung der Gewölbedicke

Die Gewölbedicke wurde an einigen ausgewählten Stellen mittels einer Spezialmessung bestimmt (Bild 4.33). Dazu wurde etwa mittig im Gewölbesegment vom Scheitel zur Traufe mit der 500-MHz-Antenne gemessen. In den Radargrammen zeichnet sich die Gewölberückseite als Reflektor relativ gut ab. Reflexionsverstärkend wirkt sich hier die innenraumseitige Vergoldung aus. Aus der zuvor ermittelten Wellengeschwindigkeit des Gewölbemauerwerkes und der gemessenen Laufzeit der reflektierten Radarsignale konnte die Bauteildicke berechnet und in dem Grundrissplan angegeben werden.

Kalibrierung

Im Rahmen der Sanierungsarbeiten am Oktogon erfolgten exemplarische Öffnungen an der dachseitigen Gewölbeoberfläche. Hier bestätigte sich die Dicke der Putzschicht über den Gewölbesteinen. Weiterhin wurde in einem der besonders auffälligen Bereiche in Feld 2 ein Stück verkohlten Holzes entdeckt. Nach einem Dachstuhlbrand sind wohl nicht alle auf dem Gewölbe liegenden Holzteile entfernt worden, sondern mit eingebaut worden. Dieser Materialwechsel zeichnet sich in den Radardaten als starker Reflektor ab.

Ortung von Steinklammern 4.5

Objektvorstellung

Bei dem Mauerwerk des **Sechzehnecks am Dom von Aachen** handelt es sich meistens um flache, teilweise nur 4 cm bis 6 cm dicke Steinplatten aus Grauwacke, verlegt in einer relativ dicken und in der Stärke variierenden Mörtelschicht.

Insbesondere um die Fensteröffnungen, in den Eckbereichen und bandartig unterhalb des oberen Gesimses sowie zwischen den beiden Fensterreihen ist ein Mischmauerwerk aus großformatigen und teilweise im Verband gesetzten Natursteinquadern vorhanden (Bilder 4.34 und 4.35). Vermauert wurden Travertin, Sandstein und Blaustein.

Bild 4.34: Mauerwerk des Sechzehnecks

Bild 4.35: 900-MHz-Antenne

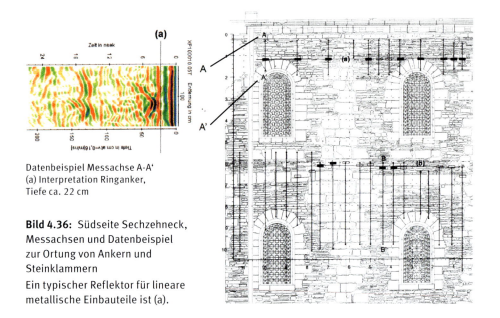

Datenbeispiel Messachse A-A'
(a) Interpretation Ringanker,
Tiefe ca. 22 cm

Bild 4.36: Südseite Sechzehneck, Messachsen und Datenbeispiel zur Ortung von Ankern und Steinklammern
Ein typischer Reflektor für lineare metallische Einbauteile ist (a).

Aufgabenstellung

An der Süd- und Nordseite des Sechzehnecks wurden exemplarisch einige Bereiche über den beiden Fensterreihen nach Steinklammern untersucht. Dazu wurden mit einer hochauflösenden Antenne (900 MHz) kurze vertikale Profile in dem fraglichen Bereich gefahren. Die Zugänglichkeit war über ein Gerüst gewährleistet.

Ergebnisse an der Südseite

Über der oberen Fensterreihe treten in allen Radargrammen in einer Tiefe von ca. 22 cm starke und regelmäßige Reflexionen auf. Dies lässt die Interpretation zu, dass es sich hier um einen Ringanker handelt (Bild 4.36). Oberhalb der unteren Fensterreihe ist die Signalqualität undeutlicher, Reflexionen sind nicht durchgehend vorhanden, und deren Höhenlage ist verspringend. Dies kann nicht auf einen durchlaufenden Ringanker bezogen werden. Vielmehr scheint es sich hier nur um vereinzelte Steinklammern, lokale Hohllagen oder offene Stoßfugen zu handeln.

Diese Interpretationen wurden später im Rahmen einiger gezielter Bauteilöffnungen kalibriert. Bild 4.37 zeigt das Ankerschloss eines alten Ringankers oberhalb der oberen Fensterreihe und Bild 4.38 eine Steinklammer oberhalb der unteren Fensterreihe.

Bild 4.37: Kalibrierungsöffnung am Sechzehneck, ein alter Ringanker mit Ankerschloss erkennbar

Bild 4.38: Kalibrierungsöffnung am Sechzehneck, Steinklammer

Suche nach Steinklammern und Steindickenbestimmung 4.6

Objektvorstellung

Das **Schloss Neuschwanstein** wurde im Stil der deutschen Spätromanik des frühen 13. Jahrhunderts errichtet und im Jahre 1886 für das Publikum geöffnet. Man bediente sich beim Bau der damals modernsten technischen Mittel und Materialien. Große Teile der Anlage sind mit Kalksteinquadern von einem nahen Steinbruch verkleidet bzw. aus Kalksandsteinquadern gemauert. Die Lage des Schlosses ist idyllisch, jedoch greift das raue Klima die Kalksteinfassaden stark an. Dies erfordert immer wieder Erhaltungs- und Sanierungsmaßnahmen.

Aufgabenstellung

Im Rahmen der Erhaltungs- und Sanierungsarbeiten am Schloss Neuschwanstein erfolgten zerstörungsfreie Untersuchungen u. a. am Viereckturm. Anhand der vorliegenden Erkenntnisse aus einer Analyse des Bau- und Materialzustandes an den Fassadenoberflächen und den vorhandenen Schadensbildern stellte sich die Frage, ob sich insbesondere im auskragenden Mauerwerk des Viereckturmes metallene Verbindungsmittel wie Klammern oder Dübel zwischen den einzelnen Kalksteinen befinden (Bild 4.39).

Untersuchungen

Im Bereich der Auskragungen sollten zunächst zwei Seiten umfangreich untersucht werden. Dafür wurden ein enges Messraster und die hochauflösende 1,5-GHz-Antenne ausgewählt. Aufgrund der sehr

Bild 4.39: Viereckturm Neuschwanstein

Bild 4.40: 1,5-GHz-Antenne

transparenten Kalksteine konnten zuverlässige Eindringtiefen von bis zu 85 cm erreicht werden. Bereits vor Ort konnten in den Radargrammen die Rückseiten der Wände (Luft als Reflexionshorizont) und Steinrückseiten (Stoßfugen als Reflexionshorizont) deutlich erkannt werden. Vorteilhaft war, dass aufgrund der Verschiebungen der Steine die Stoßfugen oftmals gerissen und somit offen waren. Somit konnte die Stärke der einzelnen äußeren Steine zuverlässig erkannt und angegeben werden. Aufgrund der Datenkontrolle vor Ort wurde festgestellt, dass größtenteils keine Steinklammern und Dübel vorhanden sind. Diese befinden sich meist nur im Bereich von Ausbesserungen und früheren Sanierungen. Teilweise waren auch Abplatzungen an der Fassade erkennbar, welche aber auf Eisdruck aufgrund stehender Feuchtigkeit und nicht auf Korrosion zurückzuführen sind.

Bei den Radarmessungen ergaben sich Hinweise auf einen möglichen Ringanker oder Ähnliches unterhalb der Brüstung. Daraufhin wurde in Absprache mit dem Auftraggeber das Messprogramm geändert. Anstatt die Süd- und Ostseite der Auskragung komplett nach Steinklammern zu untersuchen, wurde der südöstliche Eckbereich in einem engeren Messraster nach Steineinbindetiefen, Klammern und dem möglichen Ringanker bearbeitet (Bilder 4.40 und 4.41).

Ergebnisse

Um metallische Einbauteile zu finden, müssen diese senkrecht zu ihrer Lage im Bauwerk mit der Radarantenne überfahren werden. In den Radargrammen führt dies zu starken und typischen Reflexi-

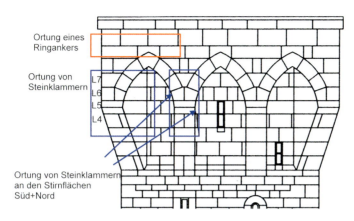

Bild 4.41: Untersuchungsbereiche an der Ostseite

onen bzw. Diffraktionen. Bild 4.41 zeigt die untersuchten Bereiche an der Ostseite. Datenbeispiele für Steinklammern und Steindicken enthält Bild 4.42. Mit der Radarantenne wurde an der Unterseite der Bögen süd- und nordseitig entlanggefahren. In den Radargrammen in Bild 4.42 zeichnen sich sehr klar die Reflexionen der Steinrückseiten ab. Je Stein kann die Einbindetiefe angegeben werden. So ist beispielsweise in der Steinlage Nummer 5 der Stein nur ca. 20 cm dick und in der Steinlage Nummern 7 und 8 ca. 50 cm dick (oberes Radargramm im Bild 4.42). Weitere Steinklammern wurden nordseitig zwischen den Steinlagen 3 und 5 gefunden (unteres Radargramm im Bild 4.42). Im Ansichtsplan im Bild 4.42 ist die Lage der Steinklammern eingetragen. Bild 4.43 zeigt für die Südansicht im Untersuchungsbereich die Dicke der einbindenden Steine.

An der Süd- und Ostseite zeichneten sich in der Lagerfuge unterhalb der Brüstung in allen Radardaten zwei hintereinander liegende Reflektoren in unterschiedlicher Tiefe ab. Der erste Reflektor befindet sich in einer Tiefe von ca. 12 cm und der zweite in einer Tiefe von ca. 46 cm. Beide enden 80 cm vor der Turmecke. Ein dafür typisches Radargramm zeigt Bild 4.44. Aufgrund der Position am Bauwerk wurde dies zunächst als möglicher Ringanker interpretiert. Genaueren Aufschluss ergaben dann die später durchgeführten Bauteilöffnungen. Bei der Abnahme der Brüstungssteine zeigte sich, dass die oberen Steine mittels einer Aussparung in die unteren eingepasst worden sind. Bei den beiden Reflektoren handelt es sich um die vordere und die hintere Kante der Aussparung (Bilder 4.45 und 4.46).

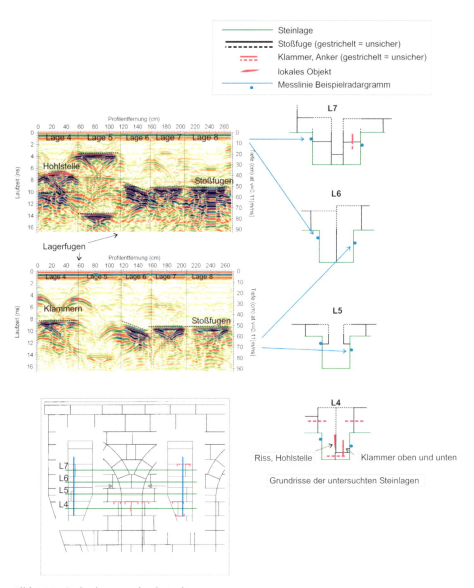

Bild 4.42: Radardaten an der Ostseite

Praktische Beispiele für die Anwendung des Radarverfahrens

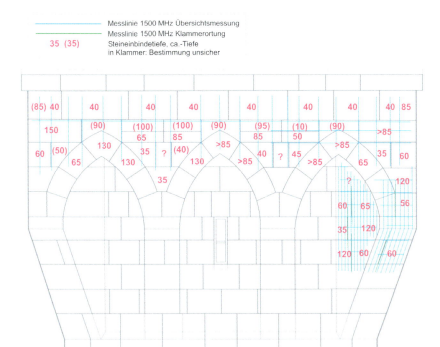

Bild 4.43: Südseite: In die vorhandenen Pläne wurden die Stärken der einzelnen Steine und die Position der gefundenen Steinklammern eingetragen.

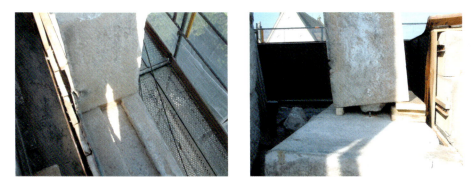

Bild 4.45 und 4.46: Kalibrierungsöffnung an der Südseite
Bei den unterhalb der Brüstung in der Tiefe von ca. 12 cm und ca. 46 cm vorhandenen Reflektoren handelt es sich um eine Aussparung für die Montage des oberen Steins.

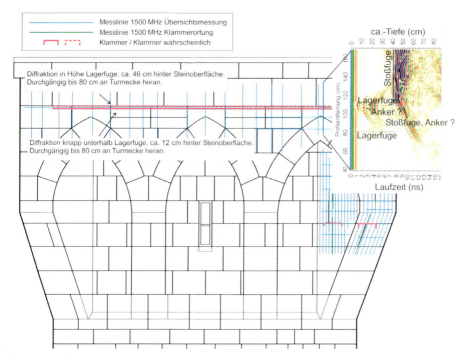

Bild 4.44: Südseite: In die Lagerfuge unterhalb der Brüstung sind in der Tiefe von ca. 12 cm und ca. 46 cm Reflektoren vorhanden. Dies wurde zunächst als Ringanker interpretiert.

Zusammenfassung

Aufgrund der hohen Transparenz der Kalksteine konnte mit relativ hoher Genauigkeit die Dicke der Steine bestimmt werden. Steinklammern wurden nur an einigen wenigen bereits ausgebesserten Stellen gefunden. Steinklammern wurden folglich beim Bau des Turmes bzw. der Turmauskragung nicht prinzipiell eingebaut.

Die oberste Steinreihe, die auch als Brüstungselement dient, ist über eine Nut- und Federkonstruktion eingebaut worden. Die konstruktiven Verhältnisse, also die Aussparung, konnte mit den Radardaten erfasst werden. Die Dateninterpretation bestätigte sich nicht, dies ergab erst die gezielte Bauteilöffnung.

Suche von Verbindungsmitteln 4.7

Objektvorstellung

In Vorbereitung der Umbau- und Sanierungsmaßnahmen im **Pergamonmuseum in Berlin** galt es, auch am Markttor von Milet eine umfassende Bauzustandsanalyse durchzuführen. Anlass hierfür waren neben den unzureichenden Bestandsunterlagen vor allem bereits äußerlich erkennbare Schäden (Bild 4.47).

Herkömmliche Erkundungsverfahren wie Bauaufnahme, baugeschichtliche Untersuchungen, Quellenstudium sowie äußerliche Begutachtung reichten nicht aus, um die innere Struktur der Bauteile hinreichend zu charakterisieren. So war es zwar bekannt, dass die Tragkonstruktion dieses Baudenkmals ein Stahlskelett bildet, jedoch lagen nur unzureichende Kenntnisse zur konstruktiven Befestigung der antiken Marmorteile an der Stahlkonstruktion sowie zur konstruktiven Ausbildung des Anschlusses zwischen originalem Marmor und Steinergänzungsmaterial vor. Aus dem Grunde galt es, diese für die statische Nachweisführung so wichtigen Details möglichst zerstörungsfrei zu ermitteln.

Aufgabenstellung

Im Rahmen einer Bauzustandsanalyse sollten exemplarisch in einem ausgewählten Bereich am Architraven die konstruktive Befestigung der antiken Marmorteile an der tragenden Stahlkonstruktion sowie

Bild 4.47: Ansicht des Markttors von Milet im Pergamonmuseum Berlin

die konstruktive Ausbildung des Anschlusses zwischen originalem Marmor und Steinergänzungsmaterial untersucht werden (Bild 4.48). Dabei wurde zunächst das Radarverfahren eingesetzt. Für weitere Detailuntersuchungen kam anschließend die Radiografie zum Einsatz, die von der Bundesanstalt für Materialprüfung (BAM) vorgenommen wurde.

Untersuchungen

Aufgrund der Bauteildicke, der dreiseitigen Zugänglichkeit, des trockenen Zustands aller zu untersuchenden Bauteile und der geforderten hohen Ortsauflösung wurde das in einem Gehäuse integrierte 1,5-GHz-Antennenpaar (Sender und Empfänger) eingesetzt. Bedingt durch Reliefs und Ornamente waren in einigen Bereichen starke Unebenheiten vorhanden. Um ein Verkanten der Antenne

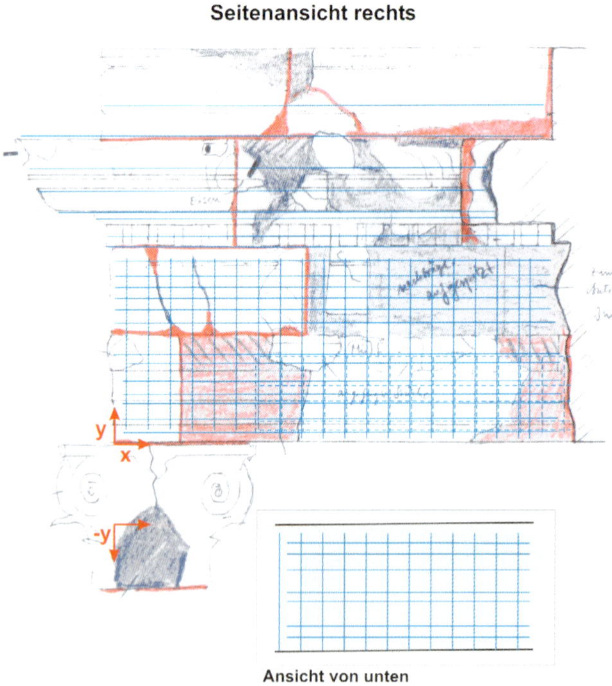

Bild 4.48: Seitenansicht des untersuchten Bauteils mit der Lage der Messprofile
Die originalen antiken Bauteile sind weiß, die Ergänzungen sind farbig dargestellt.

Bild 4.49: Mit der hochauflösenden 1,5-GHz-Antenne wird an der Oberfläche entlanggefahren.

und dadurch bedingt eine Verzerrung der Radardaten zu verhindern, wurde an einigen Stellen auf die Bauteiloberfläche eine Sperrholzplatte gelegt und darauf das Antennenpaar verfahren.

Die optimale Aufnahme von Messdaten war an diesem Untersuchungsobjekt aufgrund der komplizierten Bauteilgeometrie (Ornamente, Vorsprünge u. a.) nur eingeschränkt möglich. Es wurde versucht, dies durch die Anordnung von Messprofilen an möglichst vielen ebenen Bereichen zu kompensieren. So wurden möglichst viele horizontal und vertikal parallel verlaufende Messprofile aufgenommen. Der häufige Materialwechsel zwischen Marmor und Beton als Ergänzungsmaterial erschwerte aufgrund des unterschiedlichen Absorptions-, Streuungs- und Reflexionsverhalten der Baustoffe die Auswertung (Bilder 4.48 und 4.49).

Ergebnisse

Metalle erscheinen aufgrund der an ihnen stattfindenden Totalreflexion sehr deutlich in den Radargrammen. Werden lineare Objekte mit der Radarantenne senkrecht überfahren, zeichnen sich diese in den Radargrammen aufgrund des Öffnungswinkels der Antenne als hyperbolisch verlaufende Diffraktion ab.

Bild 4.50 zeigt exemplarisch vier Radargramme, die auf der Unterseite des Architraven aufgenommen wurden.

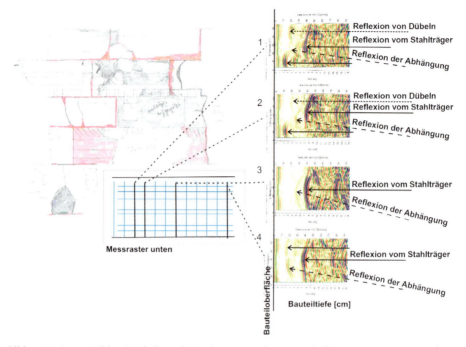

Bild 4.50: Ausgewählte Ergebnisse der Radaruntersuchungen mit der 1,5-GHz-Antenne auf der Unterseite des Architraven

In allen vier Radargrammen ist etwa mittig ein gleichartiger sehr starker Reflektor erkennbar, der in einer Tiefe von ca. 40 cm liegt. Dies lässt auf einen durchgehenden Stahlträger schließen. Es handelt sich wahrscheinlich bei diesem und bei allen gefundenen Trägern um I-Profile. Des Weiteren sind oberhalb dieses Stahlträgers mehrere versetzt erkennbare Reflektoren vorhanden. Hierbei handelt es sich vermutlich um eine Abhängekonstruktion des originalen Marmorteils an den durchgehenden Träger. Die konstruktive Ausbildung der Abhängung war mit Radar nicht näher erfassbar.

Die ausschließlich in den Radargrammen 1 und 2 unweit von der Vorderseite des Architraven in einer Tiefe von ca. 10 cm sichtbaren Reflexionen werden durch einen nur partiell in den Architraven einbindenden Träger verursacht. Dieser beginnt offensichtlich links an der Säule und endet ca. 20 cm im originalen Marmorblock, da er in den folgenden Radargrammen nicht mehr erkennbar ist. Die nur im Radargramm 4 in der Nähe der Rückseite des Architraven in einer Tiefe von ca. 15 cm erkennbare Reflexion lässt gleichfalls auf einen von rechts nur gering einbindenden Träger schließen.

Die in den Radargrammen 1 und 2 in einer Tiefe von ca. 20 cm in der Nähe der Rückseite des Architraven auftretenden schwächeren Reflexionen werden vermutlich durch Dübel hervorgerufen, die den originalen Marmor mit Steinersatzmaterial verbinden. Im Bild 4.52 sind in der Ansicht und der Untersicht die vorhandenen Profile und Abhängungen lagegetreu eingezeichnet.

Bild 4.51 zeigt die Lage der Messprofile an der Frontseite und ein Beispielradargramm. Die dort auf der linken Seite in einer Bauteiltiefe von mindestens 20 cm erkennbaren Reflexionen werden durch die in den Säulen durchlaufenden bereits vor den Untersuchungen bekannten L-förmigen Stahlprofile hervorgerufen. Die sich rechts anschließende Diffraktion in einer Tiefe von ca. 10 cm wird durch den bereits ermittelten von links in den Architraven einbindenden Träger verursacht (Bild 4.51).

Auffallend ist auf der rechten Seite im Radargramm die parallel zur Oberfläche des Architraven verlaufende lineare Reflexion in einer Tiefe von ca. 60 cm. Diese wird durch die Rückwand des Architraven

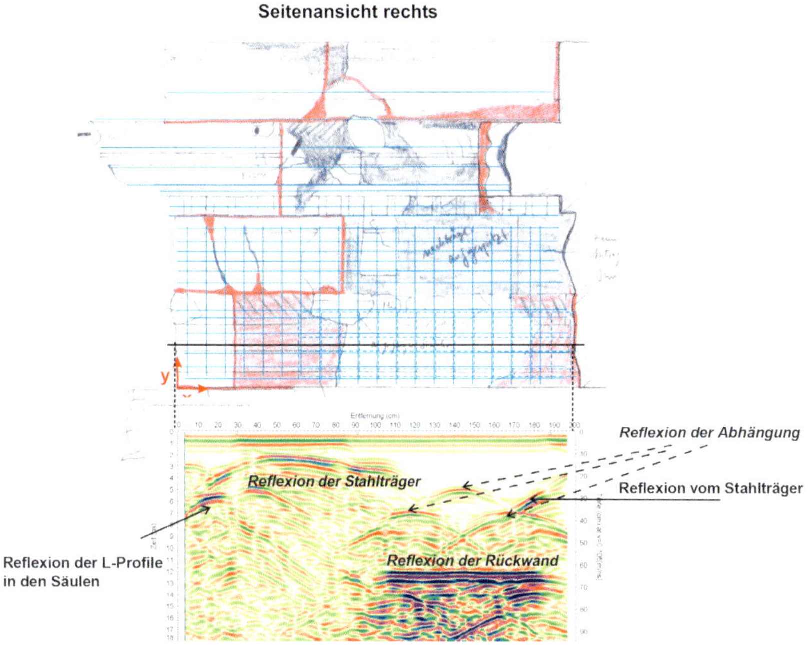

Bild 4.51: Messprofile an der Frontseite
Der einbindende Stahlträger erscheint als linearer Reflektor, da mit der Antenne auf ihm gefahren wurde.

hervorgerufen. Die am rechten Rand in einer Tiefe von ca. 40 cm auftretende Diffraktion wird durch den von rechts einbindenden Träger verursacht, der bereits bei den Messungen an der Unterseite erfasst wurde.

Die vor der starken Rückwandreflexion auftretenden schwächeren Reflexionen sind wieder auf die Abhängekonstruktion des originalen Marmorblocks an den Stahlträger zurückzuführen.

Zusammenfassung

Die bei den Radaruntersuchungen ermittelten Einbauteile sind in der Ansicht und in der Untersicht des Architraven in Bild 4.52 schematisch eingetragen. Ergänzend wurden von der BAM, Berlin, zur Bestimmung der Profilart und der genauen Abmessungen der von links und rechts in den Architraven einbindenden Träger sowie die konstruktive Ausbildung der Abhängekonstruktion noch gezielte

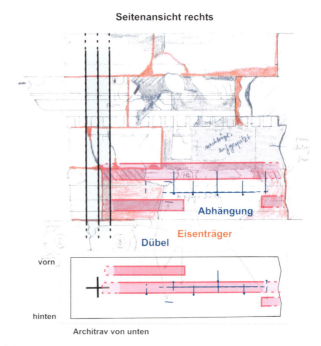

Bild 4.52: Schematische Darstellung der Radarergebnisse
Zwei Stahlträger binden nur kurz in das Marmorteil ein, ein weiterer höher liegender Träger verläuft über die gesamte Bauteillänge.
Links sind die in den Säulen bekannten L-Profile eingezeichnet.

Praktische Beispiele für die Anwendung des Radarverfahrens

Bild 4.53: Detailöffnung im Anschlussbereich der inneren Stahlkonstruktion

Bild 4.54: Erkennbare Dübellöcher für die Verbindung zwischen Marmorteil und Ersatzmaterial

Detailuntersuchungen mit Radiografie durchgeführt. Diese ergaben, dass die Abhängekonstruktion aus schwalbenschwanzförmigen Flacheisen, die in gleichartig geformte Aussparungen im originalen Marmor eingebracht und dort formschlüssig vermörtelt sind, besteht. Im linken Teilbereich des Architraven erfolgte der konstruktive Anschluss zwischen originalem Marmor und Steinergänzungsmaterial mit zwei hintereinander versetzt liegenden Dübeln.

Im Rahmen der Voruntersuchungen wurden am Markttor auch gezielt einzelne Bauteilöffnungen vorgenommen. So ist in den Bildern 4.53 und 4.54 im Detail erkennbar, wie der konstruktive Anschluss des inneren Stahlgerüstes ausgebildet ist. Sehr gut kann die in den Säulen vorhandene Stahlkonstruktion erkannt und beurteilt werden.

Untersuchungen zum Bodenaufbau 4.8

Die **Fronhofer Kirche in Wehingen** wurde bereits im Abschnitt 4.2 vorgestellt.

Aufgabenstellung

Der heute vorhandene Natursteinboden ist neueren Datums. Unter diesem Belag ist eine ca. 20 cm dicke Estrichschicht und darunter befindet sich eine Folie als Trennschicht (Bild 4.55). Die Kirche war zum Zeitpunkt der Radaruntersuchungen noch mit den Sitzreihen möbliert. Daher beschränkten sich die Untersuchungen zum Bodenaufbau nur auf die frei zugänglichen Bereiche im Chorraum, vor dem Altar und im Gang zwischen den Sitzreihen. Ziel war es, evtl. im Boden vorhandene Gräber, alte Fundamente, Leitungen oder Kanäle zu finden.

Bild 4.55: Aufbau des Kirchenbodens

Untersuchungen

Für die Bodenerkundung kam die niederfrequente 400-MHz-Antenne zum Einsatz. Damit konnte eine ausreichende Eindringtiefe von bis zu 200 cm erzielt werden. In den zugänglichen Bereichen wurden Nord-Süd und Ost-West orientiert parallele Radarprofile aufgezeichnet. Zur Auswertung und Dateninterpretation wurden dann aus den aufgenommenen Radargrammen Zeitscheiben in verschiedenen Tiefenbereichen berechnet.

Ergebnisse

Der Fußboden der Kirche weist einige Erscheinungen aufgrund erhöhter Reflektivität auf. Ursache dafür sind Veränderungen der Strukturen im Vergleich zum Umfeld, zum anstehenden Baugrund. Es kann sich dabei um einen Materialwechsel oder lokale Hohllagen, Bodenveränderungen oder einzelne Objekte handeln. Im Bild 4.56 werden exemplarisch die Reflexionen in einem Tiefenbereich von 0,25 m bis ca. 0,50 m dargestellt und umrissen.

Neben vielen einzelnen lokalen Strukturänderungen fällt insbesondere ein leicht gebogener ca. 80 cm breiter Streifen unmittelbar westlich vor der Chorwand auf (Bilder 4.56 und 4.57, Bereich G). Dieser befindet sich in einer Tiefe von ca. 0,50 m bis 1,20 m.

Östlich vor der Chorwand und vor dem Altar ist ebenfalls eine leicht gebogener Struktur mit einer Breite von ca. 50 cm in einer Tiefe von ca. 0,20 m bis 0,70 m vorhanden (Bilder 4.56 und 4.57, Bereich K).

Im Gang zwischen dem Gestühl konnten in zwei Tiefenlagen Schichtgrenzen erkannt werden. Die erste liegt in einer Tiefe von ca. 0,70 m bis 0,80 m und die zweite in einer Tiefe von ca. 1,60 m bis 1,90 m.

Im Chorraum vor der Tabernakelstele parallel zur nördlichen Außenwand befinden sich ebenfalls in zwei Tiefenlagen Schichtgrenzen.

Die erste liegt in einer Tiefe von ca. 0,30 m bis 0,90 m und die zweite in einer Tiefe von ca. 1,30 m bis 1,50 m (Bilder 4.56 und 4.57, Bereich A). Die obere Schicht fällt von der östlichen Außenwand in Richtung Chorwand steil ab. Vermutlich handelt es sich hier um bauliche Veränderungen wie z. B. Fundamentvorsprünge.

Vor dem östlichen Fenster an der Chorwand schließt sich möglicherweise in einer Tiefe von ca. 0,40 m bis 0,70 m ebenso ein Fundamentstreifen an (Bilder 4.56 und 4.57, Bereich D).

Im Anschlussbereich der Chormauer sind vor der nördlichen Außenmauer in Tiefen von ca. 0,80 m bis 1,10 m (Bilder 4.56 und 4.57, Bereich E) und von 1,00 m bis 1,60 m (Bilder 4.56 und 4.47, Bereich R) Materialveränderungen oder Hohllagen im Boden vorhanden.

Genaueren Aufschluss können aber erst Bodenöffnungen ergeben. Diese können aber jetzt bei Bedarf aufgrund der Radardaten ganz gezielt erfolgen.

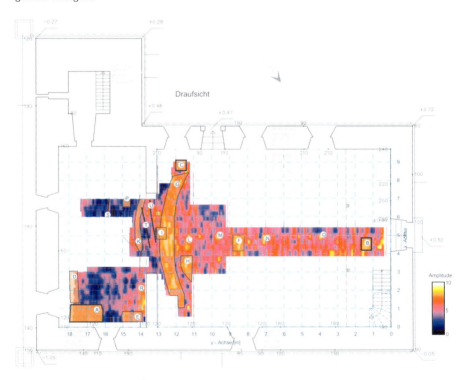

Bild 4.56: Radardaten als Zeitscheibe für die Bodenuntersuchungen, Tiefenbereich von ca. 0,25 m bis 0,50 m

Bild 4.57: Die in der Zeitscheibe erkennbaren Reflexionen wurden für die Dateninterpretation umrissen, bezeichnet und interpretiert.

Praktische Beispiele für die Anwendung von Ultraschall und Mikroseismik 5

Zustandsbeurteilung von Brückenpfeilern 5.1

Objektvorstellung

Die **Steinerne Brücke in Regensburg** (Bild 5.1) ist eine die ältesten erhaltenen Brücken Deutschlands und wahrscheinlich die erste Brücke des deutschen Mittelalters. Zur Erarbeitung eines Substanz schonenden und denkmalverträglichen Konzeptes wurden im Rahmen eines von der Deutschen Bundesstiftung Umwelt geförderten Projektes von verschiedenen Arbeitsgruppen statisch-konstruktive und denkmalpflegerische Untersuchungen an Musterbögen durchgeführt.

Durch die fehlende Abdichtung der Fahrbahn konnte über Jahre Feuchtigkeit und im Winter zusätzlich Streusalz in das Brückeninnere gelangen, was u. a. zu Ausspülungen des Bindemittels der Innenfüllung führte. Zahlreiche Risse, offene Fugen und Ausbauchungen befinden sich im Bogen- und Pfeilermauerwerk. Des Weiteren sind an den Oberflächen Kalk- und Sinterfahnen zu finden, zum Teil sind die Steinoberflächen zerstört.

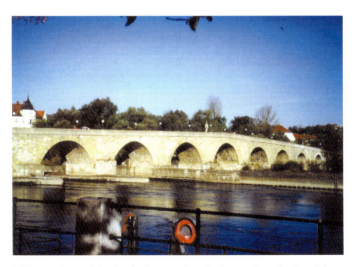

Bild 5.1: Ostansicht der Steinernen Brücke Regensburg im Bereich der Insel Oberer Wöhrd

Die Spannweite der Bögen variiert in einem Bereich von 10,20 m bis 16,70 m, die Breite der Pfeiler in einem Bereich von 5,80 m bis 7,60 m. Das Mauerwerk ist mehrschalig. Die Außenschalen wurden aus Steinquadern hergestellt, die auf einer Mörtelfuge aufgesetzt und laufend hochgemauert wurden. Im Inneren der Bögen und Pfeiler befindet sich ein Gemisch aus Steinresten, welches mit Kalkmörtel verfüllt wurde. Als Baumaterial wurde der in der Nähe von Regensburg anstehende Grünsandstein und zum Teil Kalkstein verwendet.

Aufgabenstellung

Um Aussagen zur Homogenität und der Materialqualität der von außen unzugänglichen Innenfüllung zu erhalten, wurden neben dem Radarverfahren verschiedene seismische Messanordnungen an der Oberfläche, in Bohrlöchern sowie deren Kombination durchgeführt. Es handelte sich dabei um flächige und linienhafte Untersuchungen.

Flächige Untersuchungen

Um den Zustand der Innenfüllung bzgl. der Materialfestigkeit an dem Musterpfeiler im Bereich des Kämpfers möglichst umfassend beurteilen zu können, erfolgten tomografische Untersuchungen. Unter Ausnutzung der vorhandenen 15 cm starken Kernbohrung wurde ergänzend eine vertikale Seismiktomografie ausgeführt.

Die horizontale Tomografie im Kämpferbereich wurde als Oberflächenseismik, die Tomografie in der vertikalen Ebene als Bohrlochseismik durchgeführt.

Die Anregung der mechanischen Wellen erfolgte per Hammerschlag. Als Empfänger wurden spezielle Hochfrequenzgeophone eingesetzt (Bild 5.2). Der Messpunktabstand betrug ca. 50 cm. Bei der vertikalen Tomografie befanden sich die Geophone im Bohrloch in einer speziellen Vorrichtung, womit diese für die Signalübertragung an die Bohrlochwandung angedrückt werden konnten (Bild 5.3).

Ergebnisse der vertikalen Tomografie

Hier wurde der Pfeilerbereich zwischen der Bohrung (westliche Straßenseite) und der Ostseite des Pfeilers durchschallt. Die berechneten Wellengeschwindigkeiten und Zuordnung am Pfeiler zeigt Bild 5.4. Die Position Null entspricht der Lagerfuge zwischen den ersten beiden Steinreihen oberhalb des Beschlächtes. Die berechneten Wellengeschwindigkeiten wurden farbcodiert dargestellt. Anhand der verschiedenen Farbtöne lassen sich deutlich gut drei größere und ein kleinerer Bereich unterschiedlicher Wellengeschwindigkeiten erkennen. In der unteren Hälfte befindet sich ein Bereich mit einer

Beispiele für Anwendung von Ultraschall- und Mikroseismik

Bild 5.2: Oberflächenempfänger   **Bild 5.3:** Bohrlochempfänger

bezogen auf die Messwerte relativ hohen Wellengeschwindigkeit bis ca. 2 300 m/s (rot), der sich fast bis zur Pfeilerbohrung ausdehnt. Im deutlichen Gegensatz dazu steht der darüber liegende mit etwa nur halb so großen Wellengeschwindigkeiten von ca. 1 100 m/s (blau), der besonders oben ebenfalls bis zur Bohrung reicht. Im Umfeld der Pfeilerbohrung wurden Wellengeschwindigkeiten von 1 400 m/s bis 1 700 m/s (grün) berechnet, worin partiell noch ein Bereich mit Wellengeschwindigkeiten von 1 800 m/s bis 1 900 m/s (gelb) eingeschlossen ist.

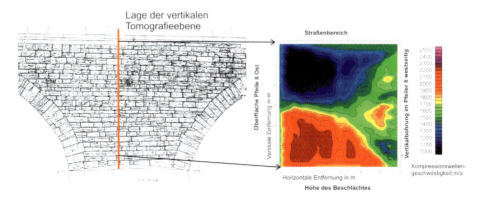

Bild 5.4: Ergebnisse der vertikalen Seismiktomografie

Ergebnisse der horizontalen Tomografie

Die berechneten Wellengeschwindigkeiten und Zuordnung am Pfeiler zeigt Bild 5.5. Die Wellengeschwindigkeiten wurden wieder farbcodiert dargestellt. Die Wellengeschwindigkeiten lassen sich im Wesentlichen in zwei Bereiche einteilen, wobei hier besonders der als grünes Band sich durchziehende Bereich von 1 400 m/s bis 1 600 m/s auffallend ist. Darin eingeschlossen ist noch ein relativ kleiner Bereich mit Wellengeschwindigkeiten um 1 200 m/s (blau). Ansonsten wurden Wellengeschwindigkeiten um ca. 2 000 m/s gemessen (rot). Besonders auffallend sind hier vier lokale Bereiche mit deutlich erhöhten Wellengeschwindigkeiten von ca. 2 400 m/s in den Pfeilerecken (lila).

Bewertung der Ergebnisse

Eine Bewertung bezüglich der Materialfestigkeit ist ohne Kalibrierungen anhand von Bohrkernen und Festigkeitsprüfungen nur eingeschränkt möglich. So können nur vergleichende Betrachtungen und Bewertungen innerhalb der Messwerte angestellt werden. Für eine grobe Beurteilung und Einschätzung können die in den Tabellen 3.1 bis 3.3 in Abschnitt 3.2 aufgeführten Wellengeschwindigkeiten und Druckfestigkeiten bei Beton, Ziegelmauerwerk, Ziegelsteinen, Mörtel und anderen Natursteinen vergleichend herangezogen werden. Diese Angaben basieren auf Ultraschall- und Seismikuntersuchungen an entsprechenden Probekörpern und durchgeführten Festigkeitsprüfungen.

Dabei wird deutlich, dass bei lockeren Sedimenten die Wellengeschwindigkeiten in einem Bereich bis etwa 1 500 m/s liegen. Erst bei Wellengeschwindigkeiten von über ca. 2 000 m/s ist festes Gestein oder Ziegel zu erwarten.

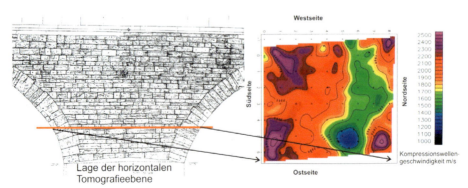

Bild 5.5: Ergebnisse der horizontalen Seismiktomografie

Vertikale Tomografieebene

Bei dem direkt unterhalb der Fahrbahn liegenden Bereich (blau) handelt es sich um verfestigte bzw. gut verdichtete Schüttungen. Der darunterliegende Bereich (rot) ist eher gemauert bzw. kompakt geschichtet. Im Bereich der Bohrung (grün) kann eine relativ gut verdichtete Innenfüllung bestehend aus Steinen und Bindemittel vermutet werden, deren Qualität jedoch besser ist als in dem unter der Fahrbahn liegenden Bereich.

Die Erkundungsbohrung im Pfeiler befindet sich am rechten Rand der Abbildung. Diese Bohrung verläuft folglich durch ein relativ einheitliches und homogenes Material. Die beiden anderen Bereiche mit den stark abweichenden Festigkeiten werden damit nicht erfasst. Es wird deutlich, dass eine Bohrung die Verhältnisse in dem Pfeiler oder Bauteil nicht repräsentativ aufzeigen kann.

Horizontale Tomografieebene

Die Messergebnisse zeigen, dass die Innenfüllung hier im Wesentlichen kompakt und relativ einheitlich ist. Die sich bandartig (grün) durchziehenden Wellengeschwindigkeiten von 1 200 m/s bis 1 700 m/s deuten lokal auf eine Innenfüllung hin, die hier aus einem Material geringerer Festigkeit besteht oder schlechter verdichtet ist. Da dies im Pfeilerquerschnitt ist, kann davon ausgegangen werden, dass es sich nicht um eine Materialveränderung bzw. Verwitterung aufgrund der Lebensdauer der Brücke handelt, sondern eher aus der Erbauungszeit der Brücke stammt. Weiterhin treten insbesondere in den Pfeilerecken höhere Wellengeschwindigkeiten von bis zu 2500 m/s auf. Hier handelt es sich um qualitativ höherwertiges Mauerwerk. Die Pfeilerecken wurden mit besonderer Sorgfalt und gutem Steinmaterial hergestellt.

Lineare Untersuchung

Bei diesen Messverfahren entstehen nicht wie bei der Tomografie bildhafte und flächige Ergebnisbilder. Der Untersuchungs- und Auswerteaufwand ist aber auch deutlich geringer. Für die Beurteilung eines Pfeilers sind jedoch mehrere Untersuchungsachsen erforderlich.

Cross-hole-Seismik

Bei dieser Messanordnung wurde die vorhandene Bohrung im Pfeiler für die Position des Empfängers (Bild 5.3) genutzt. Die Signalanregung erfolgte an den Pfeileroberflächen per Schlag mit dem Impulshammer. Sender und Empfänger befanden sich je Messposition

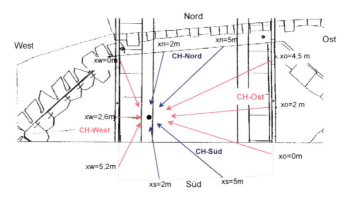

Bild 5.6: Messachsen der cross-hole-Seismik
rot: ost- und westseitig, blau: nord- und südseitig unterhalb des Kämpfers

direkt gegenüber und es erfolgte somit eine Direktdurchschallung des dazwischen liegenden Pfeilerbereichs (siehe auch Bild 3.12). Der vertikale Abstand der Messpositionen betrug 0,50 m. Ost- und westseitig wurde der Bereich zwischen der Brückenoberkante, was der Fahrbahn entspricht, und der Oberkante der Beschlächte in drei Messachsen durchschallt. Nord- und südseitig wurde der gerade Bereich unterhalb der Kämpferlinie bis zur Geländeoberkante in jeweils 2 Messachsen untersucht. Die Lage der Messachsen zeigt Bild 5.6.

Auswertung und Bewertung der Ergebnisse

Aus dem Signalersteinsatz wurde die Laufzeit des schnellsten Impulses bestimmt und die Kompressionswellengeschwindigkeit je Messposition berechnet und grafisch als Diagramm dargestellt (Bild 5.7).

- Pfeilerstirnseiten Ost/West (Bild 5.7)

An der Oberkante des Eisbrechers (Beschlächtes) sind die Wellengeschwindigkeiten insbesondere ostseitig vergleichsweise hoch und nehmen nach oben hin in Richtung Fahrbahn deutlich ab. Bei einer Höhe von 3,5 m über Oberkante Beschlächt konnte auf beiden Pfeilerseiten eine deutliche Geschwindigkeitsverminderung ermittelt werden (s. Pfeile Bild 5.7). Die Innenfüllung im darüber liegenden Bereich bis zur Fahrbahn hat demzufolge eine geringere Festigkeit als die darunter liegende. Westseitig haben die Profillinien (gestrichelt) WP1 und WP2 bei $x = 0$ m und 2,6 m zudem noch niedrigere Geschwindigkeiten als die Profillinie WP3 bei $x = 5,2$ m sowie die drei Profile an der Pfeilerostseite (OP). Dies weist darauf hin, dass die Innenfüllung in der Nord-West-Ecke des Pfeilers die schlechteste Qualität im Vergleich zu anderen Pfeilerbereichen hat. Hier liegen die Wellengeschwindigkeiten in einem Bereich von nur 1 000 m/s bis 1 500 m/s. Die Innenfüllung besteht vermutlich aus einer verdichteten Schüttung.

- Bogenseitig zwischen Kämpferlinie und Gelände (Nord- und Südseite, Bild 5.8)

Die Wellengeschwindigkeiten sind an beiden Pfeilerseiten etwa gleich und nehmen in Richtung Geländeoberkante von ca. 2 300 m/s bei der Kämpferlinie auf ca. 1 500 m/s deutlich ab. Dies weist darauf hin, dass die Innenfüllung in den unteren Bereichen bei der Geländeoberkante eine schlechtere Qualität hat.

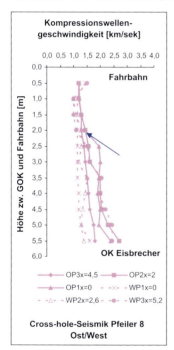
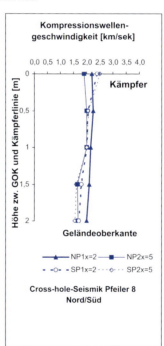

Bild 5.7: Ergebnisse der cross-hole-Seismik am Pfeiler 8 ost- und westseitig
Die Höhe der Wellengeschwindigkeit ermöglicht Rückschlüsse auf die Qualität und Festigkeit des durchschallten Materials.

Bild 5.8: Ergebnisse der cross-hole-Seismik am Pfeiler 8 nord- und südseitig
Die Höhe der Wellengeschwindigkeiten lässt Rückschlüsse auf die Qualität und Festigkeit des durchschallten Materials zu.

Die Bewertung erfolgt wieder qualitativ in Anlehnung an die Tabellen in Abschnitt 3.2, ergänzend zu den Erkenntnissen aus dem Bohrkern.

- Vergleich mit den Tomografieergebnissen

Bei der Durchschallung des Kämpferbereiches mittels cross-hole-Seismik traten ähnlich hohe Wellengeschwindigkeiten wie bei der horizontalen Seismiktomografie in dieser Höhenlage auf (Bilder 5.8 und 5.5). Somit bestätigt sich, dass der Pfeilerbereich hier kompakt ist. Die Erkenntnisse aus der vertikalen Kernbohrung ergaben hier einen Kalksteinhorizont. Kalkstein ist ein inhomogenes Material mit sehr unterschiedlicher Festigkeit. Die gemessenen Wellengeschwindigkeiten von 1 900 m/s bis 2 500 m/s entsprechen einem Kalkstein geringerer Druckfestigkeit.

Der bis ca. 2,5 m unterhalb der Fahrbahn in allen Profillinien erkennbare Bereich geringerer Wellengeschwindigkeiten weist auf ein weniger festes Material hin.

Beim Vergleich dieser Ergebnisse mit denen aus der vertikalen Seismiktomografie werden die Materialqualität anhand der Größe der Wellengeschwindigkeiten und die Ausdehnung dieses Bereiches bestätigt. Es kann sich hier folglich um eine gut verdichtete Schüttung möglicherweise aufgrund von früheren Straßenbauarbeiten handeln. Ebenfalls werden die fehlende Horizontalabdichtung der Straße und das somit eindringende Wasser zu Schäden wie Ausspülungen und Auflockerungen geführt haben.

Der Bereich ab einer Tiefe von 2,5 m bis ca. Oberkante Beschlächt weist ostseitig in allen drei Profilen ansteigende Wellengeschwindigkeiten bis auf ca. 2 300 m/s auf. Es wird sich hier wiederum um den Kalksteinhorizont handeln, da die Wellengeschwindigkeiten denen im unteren Bereich der vertikalen Tomografie entsprechen. Westseitig sind in diesem Bereich die Wellengeschwindigkeiten deutlich niedriger und entsprechen dem Umfeld der Kernbohrung, bereits in der vertikalen Tomografieebene als grüner Bereich erkennbar (Bild 5.4).

Down-hole-Seismik

Bei der down-hole-Seismik befand sich der Empfänger im Bohrloch und wurde je Messposition alle 50 cm verschoben und verankert. Die Signalanregung erfolgte stationär auf der Fahrbahn (VSP in Bild 5.9). So wurde jeweils der Bereich zwischen den Anregungspunkten und der Bohrung durchschallt. Mit dieser Anordnung wurden zwei Profile gemessen. Beim Profil VSP1 befand sich der Anregungspunkt 1,0 m nördlich vom Bohrloch, beim Profil VSP2 befand sich der Anregungs-

BEISPIELE FÜR ANWENDUNG VON ULTRASCHALL- UND MIKROSEISMIK

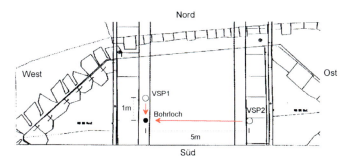

Bild 5.9: Messachsen der down-hole-Seismik

punkt 5,0 m östlich auf der gegenüberliegenden Straßenseite. Für die Profillänge wurde die Tiefe des Bohrloches bis ca. 11,0 m ausgenutzt. Das Bild 3.11 zeigt schematisch diese Messanordnung und die durchschallten Bereiche.

Auswertung und Bewertung der Ergebnisse

Aus der Laufzeit des Kompressionswellenimpulses wurden die Wellengeschwindigkeiten zwischen den einzelnen Messpunkten berechnet und grafisch dargestellt. Diese lassen direkte Rückschlüsse auf die Materialqualität der Innenfüllung zwischen den Messpunkten zu (Bild 5.10).

Die niedrigen Wellengeschwindigkeiten in den ersten Metern beider Profile weisen wieder auf den relativ lockeren Straßenaufbau hin. Bei beiden Profilen erstrecken sich die Wellengeschwindigkeiten über einen Bereich von 700 m/s bis ca. 1 500 m/s bis in eine Tiefe von ca. 2,5 m bis 3,0 m. Die Innenfüllung im nördlichen Profil 1 hat dabei eine etwas höhere Wellengeschwindigkeiten als die im östlichen Profil 2, somit scheint diese etwas fester und kompakter zu sein.

Die im östlich liegenden Profil VSP2 durchschallte Innenfüllung hat in den unteren Tiefenlagen eine deutlich höhere Wellengeschwindigkeit als die im nördlich liegenden Profil und kann somit ebenfalls als wesentlich kompakter beurteilt werden. Die Wellengeschwindigkeiten von ca. 2 000 m/s bis 3 500 m/s weisen auf ein relativ festes und dichtes Material hin und entsprechen wieder dem unteren Bereich aus der vertikalen Tomografie (Bild 5.4). Da bei dieser Messung die Bohrung bis in eine Tiefe von ca. 12,0 m ausgenutzt werden konnte, wurde hiermit auch der bei der Pfeilerbohrung gefundene Kalksteinbereich durchschallt. Damit ist der deutliche Anstieg der Wellengeschwindigkeiten ab einer Tiefe von 10 m erklärbar (Bild 5.10).

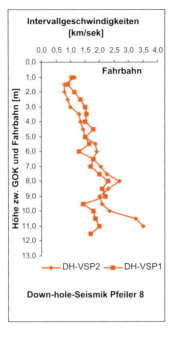

Bild 5.10: Ergebnisse der down-hole-Seismik

Die Höhe der Wellengeschwindigkeiten je Messpunkt lässt Rückschlüsse auf die Qualität und Festigkeit des durchschallten Materials zu.

Zusammenfassung

Mit mehreren Messanordnungen konnten mittels mechanischer Wellen und seismischer Verfahren der Zustand und die Qualität der Innenfüllung des Musterpfeilers untersucht und beurteilt werden.

Die vergleichende Auswertung aller Messungen ergab, dass der Pfeiler innen nicht homogen ist. Es wurden drei Bereiche mit deutlich unterschiedlicher Materialqualität (Materialfestigkeit) lokalisiert. Unterhalb der Fahrbahn befindet sich ein relativ starker Bereich bis in eine Tiefe von 2,5 m bis 3,0 m mit geringer Festigkeit. Hier kann von einer verdichteten Schüttung bzw. von einem hohlraumreichen Bereich aufgrund der fehlenden Horizontalabdichtung der Fahrbahn ausgegangen werden.

Der darunter liegende östliche Pfeilerbereich scheint ab einer Tiefe von ca. 3,0 m ab Oberkante Fahrbahn aus kompaktem Kalkstein relativ niedriger Festigkeit zu bestehen. Dieser hat bezogen auf den gesamten Pfeiler die höchste Materialqualität.

Im westlichen Pfeilerbereich ist die Innenfüllung über die gesamte untersuchte Höhe und eine Breite von ca. 2,0 m einheitlich und hat eine deutlich schlechtere Qualität als die im östlichen Teil. Die eingebrachte Bohrung hat diesen Bereich zufällig, aber nur in einem kleinen Bereich erfasst.

In Kämpferhöhe konnte festgestellt werden, dass die Pfeilerecken hier mit besonderer Sorgfalt hergestellt worden sind. Das dort anliegende Material hat bezogen auf den gesamten Pfeilerquerschnitt die höchste Qualität.

Die Ergebnisse der Bohrlochseismik zeigen eine Innenfüllung in der Nord-West-Ecke des Pfeilers mit einer deutlich schlechteren Qualität als in den anderen untersuchten Pfeilerbereichen auf. Auch hier verbessert sich die Materialqualität von oben (Fahrbahn) nach unten (Geländeoberkante).

Die Ergebnisse aus den flächen- und linearen Untersuchungsverfahren können als weitgehend identisch beurteilt werden. Tomografieuntersuchungen ergeben für die untersuchte Fläche bildhaft gut darstellbare Ergebnisse. Der zeitliche und kostenmäßige Aufwand ist aber vergleichsweise sehr hoch.

Mit den Verfahren der Bohrlochseismik können die gleichen Aussagen mit einem deutlich geringeren Aufwand erzielt werden.

5.2 Beurteilungen von Homogenität und Rissen an Kalksteinsäulen

Objektvorstellung

Im Jahre 1251 wurde das **Zisterzienser-Nonnenkloster Zarrentin** an den Schaalsee verlegt, 1552 aufgelöst und die baufälligen Gebäude des Süd- und Westflügels wurden 1576 abgerissen. Heute steht noch der Ostflügel mit den ursprünglichen Räumen wie dem Kreuzgang, dem Refektorium im Erdgeschoss und dem Barocksaal im Obergeschoss. Nach der Reformation diente das Kloster verschiedenen Zwecken wie als Amtsbrauerei und -brennerei, als Sitz der Amtsverwaltung und des Amtsgerichtes, in seinem Südteil als Hengstdepot und Jugendherberge, letztlich zu Wohnzwecken und für kommunale Einrichtungen (Bild 5.11).

1999 wurden neuzeitliche Einbauten entfernt und Aufschüttungen von bis zu einem Meter im Erdgeschoss des Gebäudes abgetragen. Dank umfangreicher Fördermittel und Eigenmittel der Stadt Zarrentin begannen 2003 die Sanierungsarbeiten zu einem Verwaltungsbau mit Ausstellungsräumen.

Die erhaltenen Kreuzrippengewölbe im ehemaligen Refektorium spannen von den Außenwänden zu den raummittigen Kalksteinsäulen. Die Säulen haben einen Durchmesser von ca. 30 cm (Bild 5.12).

Bild 5.11: Kloster Zarrentin am Schaalsee

Bild 5.12: Kalksteinsäulen im ehemaligen Refektorium im Erdgeschoss des Klosters

Diese Säulen wiesen teilweise sehr starke Schäden auf. Besonders betroffen waren die Lasteinleitungsbereiche oberhalb der Basen und die Basen selbst. Des Weiteren zeichnen sich an den Oberflächen der Säulenschäfte kalksteinbedingt Mergel- und Toneinlagerungen und vertikale Schichtungen bzw. Risse ab, deren Ausdehnung in das Innere und Einfluss auf die Standsicherheit optisch nicht beurteilt werden konnte (Bilder 5.13 und 5.14).

Aufgrund außermittiger Belastungen ist es zu starken Abplatzungen und auch Schiefstellungen einiger Säulen gekommen. Die sich in Richtung Schaalsee neigende Außenwand kann als eine Ursache dafür gesehen werden.

Als eine weitere Schadensursache für die starke Verwitterung an der Oberfläche kommt die Aufschüttung des Innenraumes in Betracht. Vermutlich gab es keinen Schutz vor aufsteigender Feuchtigkeit. Schäden im Dach ermöglichten ebenfalls den Eintritt von Wasser. Dies führte aufgrund der tonhaltigen Einlagerungen und Schichtungen im Kalkstein zu den Rissen an den unteren Bereichen der Säulen und Basen.

Aufgabenstellung

Zunächst wurde für die Sanierung davon ausgegangen, dass sämtliche Säulen, Basen und Kapitelle mit Epoxidharz verpresst werden müssen. Dazu sollte zerstörungsfrei je Säule das Ausmaß evtl. vorhandener Schädigung aufgrund von Rissen und Strukturauflockerungen erkundet werden. Es war abzuklären, ob und welche Risse sich über den gesamten Säulenquerschnitt erstrecken und wie diese im Inneren verlaufen.

Bei den kleinen oberflächennahen Rissen oder feinen Adern handelt es sich um materialtypische Stylolithen. Werden diese nicht durch Wasserzutritt oder Verwitterung geweitet, haben sie i. d. R. nur einen geringen Einfluss auf die Druckfestigkeit.

Bild 5.13: Besonders stark geschädigte Kalksteinsäulen und Basen

Bild 5.14: Ton- und Mergeleinlagerungen und vertikale Schichtung an den Kalksteinsäulen

Einzelne Risse können jedoch an solch einem inhomogenen Material kaum erfolgreich untersucht werden. Der dazu erforderliche Aufwand ist unverhältnismäßig hoch und eine ausreichende Aussagegenauigkeit kann mit vertretbarem Aufwand nicht gegeben werden. Es wurde daher vorgeschlagen, die Säulen in verschiedenen Abschnitten über die gesamte Höhe und den gesamten Querschnitt zu untersuchen. Die Ergebnisse je Messebene lassen dann einen Vergleich der Schädigung an der Säule zu und die Verpressarbeiten können an den aktuellen Schadensfall je Säulenabschnitt angepasst und auch deren Erfolg kontrolliert werden.

Als Messverfahren bot sich das Ultraschallverfahren an.

Untersuchungen

Eine Reduzierung der Wellengeschwindigkeit wird durch Risse und Materialinhomogenitäten wie Einlagerungen, Gefügestörungen und -auflockerungen verursacht (Umwegeffekte).

Bei der radialen Durchschallung (Querdurchschallung des Bauteils) können oberflächenparallele Risse erfasst werden. Bei einer tangentialen Durchschallung werden senkrecht zur Oberfläche verlaufende Risse geortet (siehe Abschnitt 3.2).

Der Abstand der Messebenen je Säule, Basis und Kapitell wurde so gewählt, dass anhand der Datenmenge vergleichende Aussagen zum Schädigungszustand getroffen und diese dann beurteilt werden konnten. Weiterhin musste neben der Zugänglichkeit der zur Verfügung stehende Zeit- und Kostenrahmen berücksichtigt werden.

So wurden die Säulenschäfte in einem vertikalen Messebenenabstand von 25 cm radial und mit verschiedenen Sender-Empfänger-Abständen tangential mit 45 kHz (Ultraschall) durchschallt. An den Säulenschäften ergaben sich jeweils 10 Messebenen. Bei den Basen und den Kapitellen erfolgte die Durchschallung in jeweils drei Ebenen (Bilder 5.16 und 5.17).

Je Messpunkt wurde die Kompressionswellengeschwindigkeit berechnet (Bild 5.15). Es wurde dabei für die Entfernung zwischen Sender und Empfänger von einer geraden Durchschallungsstrecke ausgegangen. Sender und Empfänger wurden an der Messposition mittels Kontaktmittel an die Oberfläche angedrückt. Dadurch konnte ein relativ schneller Messfortschritt erreicht werden.

Die Säulenoberflächen waren aufgrund der Schäden und der noch vorhandenen Bearbeitungsspuren relativ uneben und rau.

Bild 5.15: Ultraschallmessanordnung für die tangentiale Säulendurchschallung

Bild 5.16: Durchschallungsebenen an den Basen

Bild 5.17: Durchschallungsebenen an den Kapitellen

Ergebnisse

Ohne Kalibrierungen über Bohrkerne und Druckfestigkeitsprüfungen sind nur qualitative und vergleichende Aussagen zur Materialfestigkeit und Homogenität möglich. Durch Risse oder Gefügeauflockerungen geschädigte Bereiche können gezielt angegeben werden.

Die berechneten Wellengeschwindigkeiten wurden je Messpunkt in Abwicklungspläne der Säulen, Basen und Kapitelle eingetragen. Zur besseren Bewertung wurde deren Größenordnung farblich kodiert dargestellt. Es ergeben sich somit übersichtliche Bilder mit grünen bis dunkelroten Farbbereichen.

Mit Grün werden die hohen Wellengeschwindigkeiten aufgezeigt. Diese liegen bei ca. 5 000 m/s bis 6 000 m/s. Hier kann von einem weitgehend ungeschädigten Stein ausgegangen werden.

Mit Rot werden Bereiche mit ganz niedrigen Wellengeschwindigkeiten bzw. Stellen gekennzeichnet, bei denen kein Signal erfasst werden konnte. Ursache dafür sind Hohlstellen/Risse und sehr starke Schädigungen bzw. Ablösungen.

Mit Gelb sind Bereiche geringer Störungen bezeichnet, die aber zu einer Festigkeitsverminderung beitragen (Bilder 5.18 bis 5.20).

Für die Beurteilung wurden drei Untersuchungsbereiche unterschieden:
1. gesamter Querschnitt (Radialdurchschallung)
2. Eindringtiefe 0 cm bis 7 cm (Tangentialdurchschallung)
3. Eindringtiefe 0 cm bis 2 cm (Tangentialdurchschallung).

Maßgebend für die Beurteilung des Zustandes im Inneren sind die Ergebnisse aus der Durchschallung des gesamten Bauteils und dem Bereich von 0 cm bis 7 cm.

Der Bereich 0 cm bis 2 cm liefert Angaben zur oberflächlichen Verwitterung und Gefügeauflockerung. Dies wirkt sich auf die Größe der zur Lastableitung zur Verfügung stehenden Querschnittsfläche der Säulen aus. Bei einer fast vollflächigen sehr starken Verwitterung beträgt der tragfähige Restquerschnitt nur noch 75 % der ungeschädigten Querschnittsfläche. Treten nur teilweise Verwitterungsschäden auf, reduziert sich die Lasteinleitungsfläche um ca. 14 % auf 86 %.

Ergänzend zu den zerstörungsfreien Untersuchungen wurden die Schadensbilder je Säule zeichnerisch und fotografisch erfasst. Für die Bewertung wurden die Ultraschallergebnisse und die Informationen aus der Schadenskartierung herangezogen.

Die Schadensbilder wurden dann in vier Kategorien eingeteilt:

1. vermutlich durchgehende Risse
2. lokale Risse oder Materialveränderungen
3. lokale Gefügeauflockerungen oder Materialeinlagerungen in einem Bereich von 0 cm bis 7 cm
4. fast vollflächige Gefügeauflockerungen in einem oberflächennahen Bereich von 0 cm bis 2 cm (Verwitterung).

Zusammengefasst wurde dann je Säule, Kapitell und Basis angegeben, welche Bereiche zu verpressen sind.

- Ergebnisse an den Säulenschäften

Bild 5.18 zeigt exemplarisch die Ergebnisse an der Säule 5. Der stark geschädigte und gerissene untere Bereich ist in der linken Abbildung durch die Rot- bzw. Lilafärbung sehr gut erkennbar. Hier sind oberhalb des Podestes bis ca. 50 cm durchgehende Risse vorhanden, eine Durchschallung war nicht möglich.

Ab einer Höhe von ca. 135 cm bis ca. 220 cm ist ein schräg verlaufender Bereich geringerer Wellengeschwindigkeiten von ca. 3,4 km/s bis 4,2 km/s erkennbar. Vermutlich handelt es sich hier um eine natursteinbedingte Inhomogenität wie Mergel- oder Toneinlagerung.

Der Bereich bis ca. 7 cm kann als relativ homogen mit guter Qualität beurteilt werden. Lediglich im unteren Bereich sind Gefügeauflockerungen erkennbar, die im Zusammenhang mit den Rissen zu sehen sind.

Beispiele für Anwendung von Ultraschall- und Mikroseismik

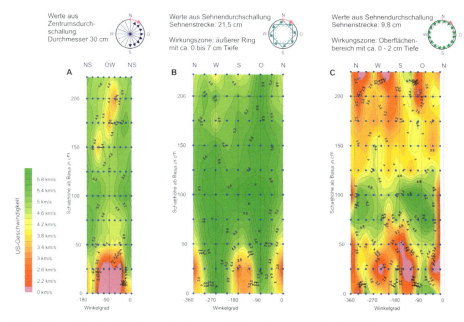

links: Gesamtdurchschallung – durchgehende Risse im unteren Bereich (lila),
mittig: weitgehend ungeschädigter Bereich in der Säulenschaftmitte, bis in ca. 50 cm Höhe lokale Gefügestörungen, welche im Zusammenhang mit den Rissen stehen
rechts: oberflächennaher Bereich stark verwittert
Bild 5.18: Ultraschallergebnisse an der Säule 5

Der oberflächennahe Bereich von 0 cm bis 2 cm ist fast vollflächig stark aufgelockert bzw. verwittert. Bis auf die kleinen grünen Bereiche betragen die Wellengeschwindigkeiten höchstens 3,8 km/s (rechtes Bild).

Diese Säule muss folglich nur im gerissenen unteren Bereich saniert werden. Die ungeschädigte Querschnittsfläche beträgt ca. 75 % der ursprünglichen Querschnittsfläche, was bei der Lastableitung zu berücksichtigen ist.

Sämtliche Säulen weisen im oberflächennahen Bereich bis ca. 2 cm Gefügeauflockerungen auf. Das flächige Ausmaß ist unterschiedlich groß. In Säulenschaftmitte befinden sich weitgehend ungestörte Bereiche. Der Tiefenbereich von 0 cm bis 7 cm kann jedoch bis auf einige wenige lokale Schwachstellen bzw. Schichtungen als unproblematisch beurteilt werden. Hier wurden weitgehend hohe Wellengeschwindigkeiten von ca. 5 km/s bis 6 km/s gemessen, wie in Bild 5.18 Mitte erkennbar.

Bei starken und großflächigen Oberflächenschäden von 0 cm bis 2 cm kann nicht der komplette Durchmesser für die Lastableitung herangezogen werden. Die tragfähige Querschnittsfläche verringert sich dabei um max. 25 %. Bei nur teilweisen Gefügeauflockerungen beträgt die Lasteinleitungsfläche 86 % des ungestörten Säulenquerschnittes.

Der Umfang der möglichen Verpressarbeiten konnte also auf die wenigen besonders stark geschädigten Bereiche reduziert werden.

Die Untersuchungsergebnisse können wie folgt zusammengefasst werden:
– An zwei Säulen wurden durchgehende Risse im unteren Säulenbereich und oberhalb der Basis gefunden.
– An drei Säulen traten größere lokale Schwachstellen aufgrund von Materialveränderungen auf.
– Alle anderen Säulen ergaben im Inneren einheitlich hohe Wellengeschwindigkeiten von ca. 5 km/s bis 6 km/s und können als weitgehend ungeschädigt beurteilt werden. Verpressungen sind hier nicht erforderlich.

- Ergebnisse an den Basen

Bild 5.19 zeigt die Ergebnisse an der Bodenplatte und der Basis der Säule 6. Bei der Durchschallung der Gesamtbauteile wurden Wellengeschwindigkeiten niedriger als ca. 4 km/s und lokal von ca. 3 km/s bei 15 Grad und 100 Grad (linkes Bild) gemessen. Durchgehende Risse sind hier nicht vorhanden, jedoch zeigt die niedrige Wellengeschwindigkeit, dass der Kalkstein stark angewittert ist. Der oberflächennahe Bereich ist sehr stark verwittert, teilweise war aufgrund der Gefügeauflockerungen keine Durchschallung möglich (mittiges und rechtes Bild – Rotfärbung).

Bis auf drei waren fast alle Bodenplatten komplett stark geschädigt. Bis auf zwei Basen kann überall aufgrund der sehr geringen Wellengeschwindigkeiten von Rissen und starken Gefügeauflockerungen bzw. Verwitterung ausgegangen werden. An vielen Stellen war keine Schallübertragung möglich. Hier waren umfangreichere Verpressarbeiten erforderlich.

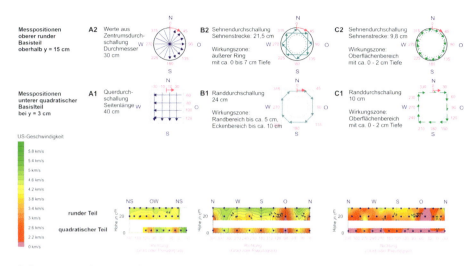

links: Gesamtdurchschallung – keine durchgehenden Risse, aber deutliche Verwitterung, besonders bei 15 Grad und 100 Grad

mittig und rechts: oberflächennaher Bereich stark verwittert, teilweise durch Risse keine Durchschallung möglich

Bild 5.19: Ultraschallergebnisse an der Bodenplatte und der Basis der Säule 6

- Ergebnisse an den Kapitellen

Die Kapitelle konnten weitgehend als ungeschädigt beurteilt werden. Lediglich an einem Kapitell gab es Hinweise auf einen Riss bzw. eine deutliche Materialschwächung, die verpresst werden musste. Bild 5.20 zeigt im linken Messbild einen Bereich zwischen 110 Grad und 180 Grad, bei dem keine Durchschallung möglich gewesen ist.

Alle oberflächennahen Bereiche bis ca. 2 cm mussten auch hier als stark verwittert beurteilt werden. Dies betraf insbesondere die quadratischen Platten. Im Tiefenbereich bis 7 cm traten Schwachstellen dann wieder nur lokal auf.

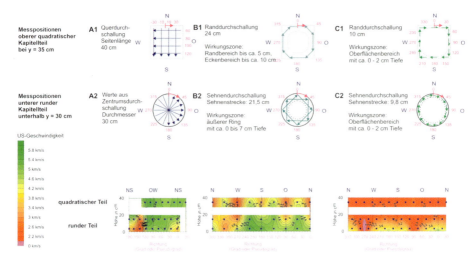

links: keine Durchschallung lokal zwischen 110 Grad und 180 Grad möglich; Ursache vermutlich ein durchgehender Riss
mittig: relativ starke Verwitterung im Bereich bis ca. 7 cm
rechts: sehr starke Verwitterung und Risse im Bereich bis ca. 2 cm

Bild 5.20: Ultraschallergebnisse Kapitell 4

Zusammenfassung

Anhand der Ultraschalluntersuchungen konnte der Zustand der Kalksteinsäulen zerstörungsfrei gut beurteilt werden. Gerissene und stark gestörte Bereiche sowie Inhomogenitäten im Inneren konnten zuverlässig lokalisiert und im Zusammenhang mit der Schadenskartierung bewertet werden.

Es wurde ersichtlich, dass der längere Leerstand, eindringende bzw. aufsteigende Feuchtigkeit zu einer relativ starken Verwitterung der oberflächennahen Bereiche geführt haben. Der Kern der Säulenschäfte und Kapitelle ist aber weitgehend ungeschädigt geblieben. Die an den Oberflächen zu erkennenden Strukturen, Adern und Risse sind zum einen natursteinbedingt und zum anderen handelt es um Bearbeitungsspuren und lokale oberflächennahe Verwitterungen.

Somit mussten nur an einigen Säulen wenige Bereiche der Säulenschäfte verpresst werden. Besonders stark geschädigte Stellen oberhalb der Basen wurden mit CFK-Lamellen ummantelt und restauratorisch bearbeitet (Bild 5.21).

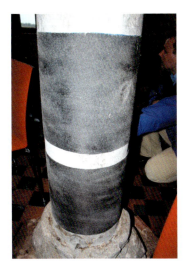

Bild 5.21: Ummantelung einiger Säulen mit CFK-Lamellen

Umfangreichere Arbeiten waren lediglich bei den Basen erforderlich. Aufgrund des Bau- und Nutzungsfortschritts waren ein Austausch der Basen und das Einbringen einer horizontalen Sperre gegen Feuchtigkeit nicht mehr möglich. Diese Bereiche wurden deshalb möglichst vollflächig verpresst. An den Kapitellen erfolgten lokale Verpressarbeiten.

Beurteilungen der Materialqualität an Gewölberippen 5.3

Objektvorstellung

Die **evangelische Stadtkirche Bayreuth** wurde bereits in Abschnitt 4.3 vorgestellt.

Objektbeschreibung

Für die Planung der Erhaltungs- und Sanierungsarbeiten der Gewölbe sollte mittels zerstörungsfreier Untersuchungen der jetzige Zustand an einigen Gewölberippen exemplarisch beurteilt werden. Nach der Einrüstung wurde deutlich, dass die Gewölberippen vielfältige Schäden aufweisen. Neben starken Verformungen und Verschiebungen sind offene Risse, bereits sanierte Risse sowie Abplatzungen erkennbar.

Die Rippen haben gewölbeseitig eine Dicke von ca. 24 cm und eine Bauteilhöhe von ca. 32 cm. Raumseitig sind an der Unterkante dicke

Putzschichten angetragen worden. Der eigentliche Sandstein ist hier nur ca. 3 cm stark (Bilder 5.22 und 5.23). Dieser dicke Putz ist mittels Putzträgern aus Holz oder Metall am Sandstein befestigt worden. Unter der Farbschicht sind zahlreiche Ausbesserungen erkennbar. Zu einem früheren Zeitpunkt sind Risse und Abplatzungen bereits verschlossen worden, einzelne Rippen wurden bereits in das Gewölbemauerwerk rückverankert.

Aufgabenstellung und Untersuchung

Um das Ausmaß der Schädigungen einzelner Rippen und ggf. Schalenbildungen zu finden, wurden ausgewählte Bereiche mit Ultraschall untersucht (Bild 5.24). Ultraschallverfahren lassen Aussagen zur Materialfestigkeit zu. Es bestand hier die Befürchtung, dass aufgrund eines früheren Brandes ein Teil der Rippen brandgeschädigt ist und der Sandstein somit deutlich niedrigere Festigkeiten hat.

Ultraschalluntersuchungen

Die Rippen wurden alle 30 cm durchschallt. Sender und Empfänger befanden sich direkt gegenüber. Die Signalanregung erfolgte mit einem 45-kHz-Sender. Aus den Messwerten wurde die Kompressionswellengeschwindigkeit berechnet. Die Entfernung zwischen Sender und Empfänger wurde mit einer geraden Durchschallungsstrecke angenommen. Auch hier wurde für die Datenzuordnung als Nullpunkt der Knotenpunkt der Rippen gewählt.

Ergänzend wurden einige vorhandene Bohrkerne mit einem Durchmesser von 49 mm und 97 mm durchschallt. Diese waren im Rahmen der laufenden Voruntersuchungen an verschiedenen Stellen der Kirche entnommen worden. Einige Kerne stammten auch aus durch den Brand geschädigten Bereichen.

Bild 5.22: Risse an den Rippen

Bild 5.23: Untersicht einer Gewölberippe mit starker Putzschicht

Bild 5.24: Ultraschalldurchschallung im Chor

Ergebnisse

Die berechnete Wellengeschwindigkeit je Messpunkt wurde in die Grundrisspläne farbcodiert eingetragen und tabellarisch ausgewertet. Somit zeigte sich sehr gut, dass es an den einzelnen Rippen Bereiche mit sehr niedrigen und Bereiche mit hohen Wellengeschwindigkeiten gibt. Messwerte unter 1 000 m/s lassen lokal einen Riss oder eine Hohlstelle bzw. sehr starke Gefügeauflockerungen vermuten. Diese Stellen wurden gezielt rot markiert angegeben.

An der Größenordnung der Wellengeschwindigkeiten konnte die Qualität des Sandsteins beurteilt werden. Für Aussagen zur Festigkeit wäre die Entnahme von Materialproben und deren Prüfung notwendig gewesen.

Für ungeschädigten Sandstein kann aufgrund von Erfahrungswerten eine Wellengeschwindigkeit von ca. 2 400 m/s erwartet werden. Bereiche mit geringeren Wellengeschwindigkeiten als 2 000 m/s wurden als geschädigt eingestuft, das bedeutet, hier hat der Sandstein geringere Festigkeiten.

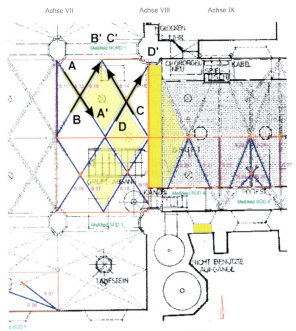

Lageplan, nicht maßstäblich

Bild 5.26: Lageplan mit den untersuchten Rippen

Tabelle 5.1: Ultraschallergebnisse an den Rippen S12, S13 und S14

Messfeld	Rippe	Mess-punkt	Wellen-geschwin-digkeit v m/s	Rippe	Mess-punkt	Wellen-geschwin-digkeit v m/s	Rippe	Mess-punkt	Wellen-geschwin-digkeit v m/s
Nord 1	S12	0,45	2,101	S13	0,45	2,290	S14	0,30	2,143
		0,60	2,358		0,60	2,227		0,60	2,330
		0,90	2,427		0,90	2,207		0,90	2,202
		1,20	1,613		1,20	2,112		−0,45	1,846
		−0,30	1,852		−0,45	2,025		−0,60	2,124
		−0,60	2,294		−0,60	2,356		−0,90	1,967
		−0,90	2,315		−0,90	2,426		−1,20	1,778
		−1,20	2,252		−1,20	2,379		−1,50	1,622
		−1,50	926		−1,50	2,379		−1,80	857
		−1,80	1,953		−1,80	2,227		−2,10	1,194
		−2,10	2,049		−2,10	2,402		−2,40	1,333
		−2,40	1,389		−2,40	2,426			
		−2,70	2,660						
		−3,00	2,747						

Einteilung ohne Kalibrierung!
- $v > 2000$ m/s — Weitgehend ungeschädigt
- 1700 m/s $< v < 2000$ m/s — Grenzbereich
- 1000 m/s $< v < 1700$ m/s — Geschädigt
- $v < 1000$ m/s — Geschädigt, Riss oder Hohlstelle

Die Tabelle 5.1 enthält für die Rippen S12, S13 und S14 die Durchschallungswerte. Die ungeschädigten Bereiche lassen sich gut anhand der hohen Messwerte (grün) erkennen. Vergleichsweise ist S13 eine ungeschädigte Rippe.

Die Untersuchungen erfolgten an mehreren Gewölbefeldern und Rippen im Mittelschiff, im Chor und in den Seitenschiffen. Dadurch ergab sich ein Überblick über den Zustand der Rippen, und es konnte der Umfang geschädigter und ungeschädigter Bereiche gut abgeschätzt werden. Es fiel beispielsweise auf, dass in einem Messfeld auffallend einheitlich hohe Wellengeschwindigkeiten bestimmt wurden. Ursache dafür könnte die Erneuerung nach einem Brand 1918 gewesen sein. Ebenso fiel ein größerer Bereich mit deutlich niedrigeren Werten auf, dem bei der Sanierungsplanung besondere Beachtung geschenkt werden muss. Bei allen anderen Messfeldern traten Schwachstellen nur lokal auf.

Die ergänzenden Durchschallungen der Bohrkerne bestätigten diese Ergebnisse und Bewertungen. Bei brandgeschädigten Steinen wurden Wellengeschwindigkeiten von ca. 1 000 m/s gemessen.

Des Weiteren ergaben sich unterschiedliche Wellengeschwindigkeiten in Abhängigkeit von der Farbe des Sandsteins. Am weißen Sandstein wurden Werte um ca. 2 500 m/s gemessen, am gelben Sandstein Werte um ca. 1 700 m/s. Der weißliche Sandstein kann somit als fester und kompakter beurteilt werden. Für weitere Informationen sind aber Materialprüfungen im Labor unerlässlich.

Zusammenfassung

Mit den Ergebnissen aus den Ultraschalluntersuchungen wurden Bereiche unterschiedlicher Sandsteinqualität festgestellt. Weiterhin konnten lokale Risse oder andere Gefügestörungen im Bauteilinneren angegeben werden. Aufgrund des Putzes und der Farbschicht können solche Fehlstellen nicht an der Oberfläche optisch erkannt werden.

Es zeigte sich, dass bei einigen Gewölbebereichen mit Steinentfestigungen aufgrund früherer Brandbelastungen zu rechnen ist. Andere Bereiche scheinen neu aufgebaut worden zu sein, dort ist der Sandstein ohne Schwachstellen und es kann von einer üblichen Festigkeit ausgegangen werden.

Untersuchungen zur Verwitterung von Sandsteinzierelementen 5.4

Objektvorstellung

Der **Rathausturm in Kiel** hat einen öffentlich zugänglichen Umgang. Auf der Brüstung stehen Sandsteinzierelemente mit einer Höhe von ca. 65 cm und einer Breite von ca. 50 cm in Bauteilmitte. Die Steine stehen auf einer abgeflachten zylindrischen Basis mit einem Durchmesser von ca. 23 cm und einer Höhe von ca. 2,5 cm. Diese wurden vermutlich maschinell oben und unten eingespannt drehend hergestellt. Über die Zierelemente und die Brüstung verläuft ein Geländer mit einer Halterung in dem jeweils höchsten Punkt der Steinelemente. Im Vorfeld der zerstörungsfreien Untersuchungen wurde an einem Zierelement diese obere Halterung geöffnet. Es kam hier ein sehr kurzer metallischer Dübel zum Vorschein, der in Blei eingegossen war (Bilder 5.31 bis 5.33).

Bild 5.31: Rathausturm Kiel, Sandsteinzierelemente auf der Brüstung

Bild 5.32: Dübel und Abdeckung aus der oberen Halterung

Bild 5.33: Geöffnete obere Halterung der Sandsteinelemente

Aufgabenstellung

Um einen möglichen Schaden durch plötzliches Versagen der Sandsteinelemente zu verhindern, sollte mit zerstörungsfreien Verfahren der aktuelle Zustand des Natursteins bewertet werden. Es war dabei speziell der Frage nachzugehen, ob Risse oder Schalenbildungen im Inneren vorhanden sind. Des Weiteren sollte die Frage nach einem längeren Metalldübel beantwortet werden, der früher oder später Ursache für Risse oder Abplatzungen werden kann.

Untersuchungen

Die Steine wurden zunächst optisch nach deren Verwitterungszustand und vorhandenen Rissen begutachtet. Auf dieser Basis wurden dann für die Untersuchungen nur einige wenige typische Steine ausgewählt. Bewertungskriterium waren neben dem Verwitterungszustand die Position am Bauwerk und die Zugänglichkeit. Im Bild 5.34 sind die untersuchten Steine bezeichnet.

Für die Ortung eines möglichen Dübels wurde das Radarverfahren eingesetzt. Mit einer hochauflösenden Antenne wurden die Sandsteinelemente abgefahren. In den Daten konnte kein Hinweis auf einen tiefer einbindenden Dübel gefunden werden. Ebenso ergaben sich keine Hinweise auf offene Risse im Inneren.

Zur Beurteilung des Verwitterungszustandes erfolgten seismische Durchschallungen in vier Messebenen (Bild 5.35). In den Ebenen A und C können Aussagen zur Schädigung im Bereich des Auflagers und der Halterung getroffen werden. Die Ebenen B und C ermöglichen eine Beurteilung des gesamten Elementes.

Beispiele für Anwendung von Ultraschall- und Mikroseismik

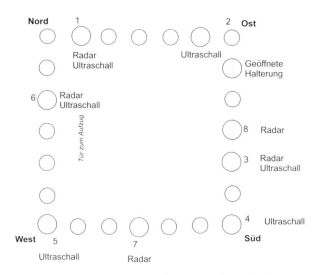

Bild 5.34: Schematische Lage der untersuchten Zierelemente und durchgeführten Untersuchungen

Die Signalanregung erfolgte mit einem Impulshammer, die Signalaufnahme mit einem je Messpunkt an den Stein angedrückten Breitband-Beschleunigungsaufnehmer (Bild 5.36). Je Messpunkt wurde die Kompressionswellengeschwindigkeit berechnet.

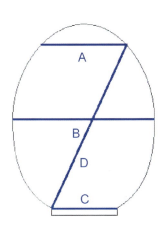

Bild 5.35: Lage der Durchschallungsebenen an den Ziersteinen

Bild 5.36: Seismikdurchschallung Messebene A

Ergebnisse

Die Kompressionswellengeschwindigkeit für ungeschädigten Sandstein liegt im Mittel bei ca. 2 500 m/s. Bereiche mit höheren Wellengeschwindigkeiten können als günstiger, das heißt fester, Bereiche mit niedrigeren als ungünstiger, das heißt weniger fest, beurteilt werden. Dabei ist zu beachten, dass Sandstein aufgrund seiner Schichtung ein eher inhomogener Baustoff ist und die Wellengeschwindigkeit auch in den Schichtungen variiert.

Da keine Kalibrierungen der Wellengeschwindigkeiten anhand von Materialproben und Festigkeitsprüfungen möglich waren, wurden die Durchschallungsergebnisse anhand von Erfahrungswerten, Literaturangaben und untereinander vergleichend beurteilt. Wenn keine Durchschallung möglich ist, kann von einem Riss oder einer Hohlstelle ausgegangen werden. Für die Bewertung wurde als Grenzwert die Wellengeschwindigkeit von 2 000 m/s gesetzt. Alle Bereiche mit darunter liegenden Durchschallungsergebnissen wurden als schlecht bzw. geschädigt beurteilt.

Die Auswertung der Messdaten erfolgte tabellarisch mit einer anschließenden Beurteilung und Bewertung (Tabelle 5.2).

Messebene A – oben:
Bis auf das Element Nr. 5 weisen alle oberen Bereiche deutlich niedrigere Werte als 2 000 m/s auf. Hier haben vermutlich die Verwitterung und der einbindende Metalldorn sowie dessen Korrosion zu einer Gefügeauflockerung und kleinen Rissen geführt. Stellenweise sind Abplatzungen erkennbar. Des Weiteren sind alte und rissige bzw. abplatzende Mörtelabdeckungen vorhanden, was ebenso im Zusammenhang mit dem dort vorhandenen Metalldübel steht.

Messebene B – Bauteilmitte:
Es gibt keine lokalen Messstellen mit deutlich niedrigen Wellengeschwindigkeiten, die auf einen inneren Riss oder Gefügeauflockerungen hinweisen. Bestätigt wird diese Bewertung durch die Diagonaldurchschallung der Ebene D, die ebenfalls als weitgehend einheitlich bezeichnet werden kann. Unterschiede in den Wellengeschwindigkeiten liegen an der unterschiedlichen Schichtung des Sandsteins und sind somit materialbedingt.

Messebene C – Basis:
An der zylindrischen Standfläche ist der Bereich zwischen Sandstein und Blech verschmiert bzw. vermörtelt. Sollten hier Ablösungen oder Hohlstellen vorhanden sein, beeinträchtigt dies die Schallübertragung. Die Durchschallungswerte sind im Mittel niedrig. Lokal treten deutliche Reduzierungen auf, die auf Risse oder andere Hohllagen

hinweisen. Diese Stellen sollten mittels Bauteilöffnungen kontrolliert und nachgearbeitet werden.

Messebene D – Diagonale:
Alle Messwerte sind hoch, meist über 2500 m/s in der gesamten durchschallten Fläche. Es gibt keinen auffällig deutlich schlechten Messwert in der Wellengeschwindigkeit. Dies lässt die Interpretation zu, dass sich im Inneren der untersuchten Zierelemente keine durchgehenden Risse oder aufgelockerten Bereiche befinden. Die Zierelemente an sich unterscheiden sich aber.

Tabelle 5.2: Messwerte aus den Durchschallungen an zwei Steinen

	Mittl. Wellengeschwindigkeiten in m/s				Bewertung
	Ebene A oben	Ebene B Bauteilmitte	Ebene C Basis	Ebene D Diagonale	
Stein 5	2500	2700	2400	2800	vergleichsweise hohe Werte Achse A: recht einheitlich hohe Werte, Basis C: lokal deutlich niedriger Wert bei einer Messstelle – lokale Hohlstelle/Inhomogenität möglich kein Riss im Inneren
Stein 6	1800	2100	1700	2600	Achse A: relativ einheitlich sehr niedrige Werte, Basis C: relativ einheitlich sehr niedrige Werte – Hohlstellenverdacht kein Riss im Inneren

	Erwartungswert für Sandstein 2500 m/s (Mittelwert) und höhere Werte
	Werte um 2000 m/s mit lokal niedrigeren Werten (Verwitterung)
	deutlich niedrigerer Wert < 2000 m/s (Gefügeauflockerung durch Verwitterung, Risse)

Zusammenfassung

Es zeigte sich, dass bei allen untersuchten Sandsteinelementen der obere Halterungsbereich und der Bereich der Standfläche im Vergleich zum Gesamtkörper stärker verwittert bzw. vereinzelt Mörtelhohllagen vorhanden sind.

Da in den Steinen keine Risse oder sehr stark aufgelockerte und verwitterte Bereiche gefunden wurden, liegen momentan keine Hinweise vor, dass die Elemente zerbrechen.

Die Qualität der einzelnen Sandsteinelemente ist aber unterschiedlich. Für Stein 5 kann die höchste Qualität und Festigkeit erwartet werden.

Zur Beurteilung des weiteren Fortschrittes der Sandsteinverwitterung können in großen zeitlichen Abständen Kontrollmessungen durchgeführt werden.

Literatur 6

Normen

DIN 1053-1	1996-11	Mauerwerk – Teil 1: Berechnung und Ausführung
DIN 1053-2	1996-11	Mauerwerk – Teil 2: Mauerwerksfestigkeitsklassen aufgrund von Eignungsprüfungen
DIN 1053-3	1990-02	Mauerwerk – Bewehrtes Mauerwerk – Berechnung und Ausführung
DIN 1053-4	2004-02	Mauerwerk – Teil 4: Fertigbauteile
DIN 1053-100	2007-09	Mauerwerk – Teil 100: Berechnung auf der Grundlage des semiprobabilistischen Sicherheitskonzepts
DIN 1164-10	2004-08	Zement mit besonderen Eigenschaften – Teil 10: Zusammensetzung, Anforderungen und Übereinstimmungsnachweis von Normalzement mit besonderen Eigenschaften
DIN 1164-11	2003-11	Zement mit besonderen Eigenschaften – Teil 11: Zusammensetzung, Anforderungen und Übereinstimmungsnachweis von Zement mit verkürztem Erstarren
DIN 1164-12	2005-06	Zement mit besonderen Eigenschaften – Teil 12: Zusammensetzung, Anforderungen und Übereinstimmungsnachweis von Zement mit einem erhöhten Anteil an organischen Bestandteilen
DIN 1164-31	1990-03	Portland-, Eisenportland-, Hochofen- und Trasszement; Bestimmung des Hüttensandanteils von Eisenportland- und Hochofenzement und des Trassanteils von Trasszement
DIN 18555-3	1982-09	Prüfung von Mörteln mit mineralischen Bindemitteln; Festmörtel; Bestimmung der Biegezugfestigkeit, Druckfestigkeit und Rohdichte
DIN 18555-4	1986-03	Prüfung von Mörteln mit mineralischen Bindemitteln; Festmörtel; Bestimmung der Längs- und Querdehnung sowie von Verformungskenngrößen von Mauermörteln im statischen Druckversuch

DIN 18555-6	1987-11	Prüfung von Mörteln mit mineralischen Bindemitteln – Festmörtel – Bestimmung der Haftzugfestigkeit
DIN 18555-7	1987-11	Prüfung von Mörteln mit mineralischen Bindemitteln – Frischmörtel – Bestimmung des Wasserrückhaltevermögens nach dem Filterplattenverfahren
DIN 18555-9	1999-09	Prüfung von Mörteln mit mineralischen Bindemitteln – Teil 9: Festmörtel – Bestimmung der Fugendruckfestigkeit
DIN 1048-1	1991-06	Prüfverfahren für Beton – Frischbeton
DIN 1048-2	1991-06	Prüfverfahren für Beton – Festbeton in Bauwerken und Bauteilen
DIN 1048-4	1991-06	Prüfverfahren für Beton – Bestimmung der Druckfestigkeit von Festbeton in Bauwerken und Bauteilen – Anwendung von Bezugsgeraden und Auswertung mit besonderen Verfahren
DIN 1048-5	1991-06	Prüfverfahren für Beton – Festbeton, gesondert hergestellte Probekörper
DIN EN 1015-11	2007-05	Prüfverfahren für Mörtel für Mauerwerk – Teil 11: Bestimmung der Biegezug- und Druckfestigkeit von Festmörtel
DIN EN 1926	2007-03	Prüfverfahren für Naturstein – Bestimmung der einachsigen Druckfestigkeit
DIN EN 1936	2007-02	Prüfverfahren für Naturstein – Bestimmung der Reindichte, der Rohdichte, der offenen Porosität und der Gesamtporosität
DIN EN 12371	2002-01	Prüfverfahren für Naturstein – Bestimmung des Frostwiderstandes
DIN EN 12407	2007-06	Prüfverfahren für Naturstein – Petrographische Prüfung
DIN EN 13161	2008-08	Prüfverfahren für Naturstein – Bestimmung der Biegefestigkeit unter Drittellinienlast
SIA V 178	1996-12	Naturstein-Mauerwerk

WTA Merkblätter

WTA Merkblatt 3-5-98/D: 1998-09; Natursteinrestaurierung nach WTA I: Reinigung

WTA Merkblatt 3-8-95/D: 1997-09; Natursteinrestaurierung nach WTA II: Handwerklicher Steinaustausch

WTA Merkblatt 3-10-97/D: 1998-09; Natursteinrestaurierung nach WTA XII: Zustands- und Materialkataster für Natursteinbauwerke

WTA Merkblatt 3-12-99/D: 1999-04; Natursteinrestaurierung nach WTA IV: Fugen

WTA Merkblatt E 3-14-04/D: 2004-11; Anwendungstechniken – Natursteinrestaurierung – Konservierung

WTA Merkblatt 4-3-98/D: 1998-11; Instandsetzung von Mauerwerk – Standsicherheit und Tragfähigkeit

WTA Merkblatt 4-5-99/D: 1999-09; Beurteilung von Mauerwerk – Mauerwerksdiagnostik

WTA-Arbeitshefte

Weiterführende Literatur zu Mauerwerk und Mörtel

[1] Pieper, K.: Sicherung historischer Bauten. Verlag Ernst & Sohn, Berlin, 1983

[2] Mauerwerkskalender 1995, Verlag Ernst & Sohn, Berlin 1994

[3] Arbeitshefte des SFB 315 Arbeitsheft 10/1991, Arbeitsheft 13/1995, Arbeitsheft 14/1996, Arbeitsheft 13/1995

[4] Jahrbücher des SFB 315 Erhalten historisch bedeutsamer Bauwerke, Universität Karlsruhe, Jahrbuch 1986 bis 1998

[5] Patitz, G. (Hrsg): MONUDOCthema 01 „Mauerwerksdiagnostik in der Denkmalpflege", Fraunhofer IRB Verlag, 2004

[6] Bruschke, A. (Hrsg.): MONUDOCthema 2 „Bauaufnahme in der Denkmalpflege". Fraunhofer IRB Verlag, 2005

[7] Koser, E. (Hrsg.): MONUDOCthema 3 „Restaurierungsmörtel in der Denkmalpflege". Fraunhofer IRB Verlag, 2006

[8] Venzmer, H. (Hrsg.): Praxishandbuch Mauerwerkssanierung von A–Z. Beuth Verlag, Berlin, 2001. 2008

[9] Dettmering, T., Kollmann, H.: Putze in der Denkmalpflege. Huss-Medien, Berlin, 2001

[10] Tagungsbände der Fachtagung Natursteinsanierung Stuttgart 2004–2009 Fraunhofer IRB Verlag Stuttgart, Hrsg. Gabriele Grassegger, Gabriele Patitz, Landesamt für Denkmalpflege Baden-Württemberg am RP Stuttgart (Otto Wölbert)

[11] IFS Bericht 28/2007 „Denkmalgerechte Mauerwerkserhaltung" IFS Tagung am 15.05.2007 in Mainz, ISSN 0945-4748

[12] „Erhalten und Instandsetzen" 31. Darmstädter Massivbauseminar 26.02.2008, Tagungsband

[13] Helmuth Venzmer (Hrsg.): Europäischer Sanierungskalender 2007, 2008, 2009, Beuth Verlag, Berlin

[14] Heft 135 Institut für Baustoffe, Massivbau und Brandschutz an der TU Braunschweig 1997

[15] Eckert, H.: Altes Mauerwerk nach historischen Quellen. In: Erhalten historisch bedeutsamer Bauwerke, SFB 315, Universität Karlsruhe, Jahrbuch 1991, Verlag Ernst & Sohn, S. 19–64,

[16] Dr. Otto Warth: Konstruktionen in Stein. Verlag Th. Schäfer, Hannover, 1981

[17] DNV (Deutscher Naturwerkstein-Verband e.V., Würzburg (1996)): Bautechnische Information Naturwerkstein 1.1, Massiv- und Verblendmauerwerk, Herausgeber DNV; Würzburg

[18] Baubetrieb und Bautechnik – Von der Vorromanik bis zum Historismus, In: Berufsbildungswerk der Steinmetze und Steinbildhauer, e.V. (Hrsg.) Naturwerkstein und Umweltschutz in der Denkmalpflege, Dollinger A. S., Ebner Verlag, Ulm 1997

[19] Hiese, W. (Hrsg.): Scholz Baustoffkenntnis 13. Auflage, Werner Verlag

[20] Knöfel, D. und Schubert, P. (Hrsg.): Handbuch Mörtel und Steinergänzungsstoffe in der Denkmalpflege, Verlag Ernst und Sohn, Berlin, 1993

[21] Maier, J.: Handbuch historisches Mauerwerk Untersuchungsmethoden und Instandsetzungsverfahren, Birkhäuser Verlag, 2002

[22] GGU Gesellschaft für Geophysikalische Untersuchungen mbH, Firmeninformationsmappe mit Verfahrensbeschreibung und Anwendungsbeispielen, Karlsruhe 1995, 2008

[23] Diem, P.: Zerstörungsfreie Prüfmethoden für das Bauwesen. Wiesbaden und Berlin, 1982

[24] Köhler, Wolfgang: Untersuchungen zu Verwitterungsvorgängen an Carrara-Marmor in Potsdam-Sanssouci. Berichte zur Forschung und Praxis der Denkmalpflege in Deutschland 2. Steinschäden-Steinkonservierung, Hannover, 1991

[25] DGZFP-Ausschuss für zerstörungsfreie Prüfung im Bauwesen (AB), Unterausschuss Ultraschall: Merkblatt für das Ultraschall-Impuls-Verfahren zur zerstörungsfreien Prüfung mineralischer Baustoffe und Bauteile, B4, Ausgabe Mai 1993

[26] S. Siegesmund, M. Auras, R. Snethlage (Hrsg.): Stein-Zerfall und Konservierung. Edition Leipzig, 2005

[27] Tagungsbände der Hanseatischen Sanierungstage, Beuth Verlag, Berlin

[28] Kahle, M.: Verfahren zur Erkundung des Gefügezustandes von Mauerwerk, insbesondere an historischen Bauten. Technische Universität, Fakultät für Architektur, Dissertation 1995, Karlsruhe

[29] Egermann, R.: Untersuchungen zum Tragverhalten mehrschaliger Mauerwerkskonstruktionen. In: Erhalten historisch bedeutsamer Bauwerke, SFB 315, Universität Karlsruhe, Jahrbuch 1994, Verlag Ernst & Sohn, S. 155–178

[30] Empfehlungen für die Praxis, Hrsg. SFB 315, Karlsruhe
Historisches Mauerwerk, Untersuchen, Bewerten und Instandsetzen,
Historische Mörtel und Reparaturmörtel,
Historische Eisen- und Stahlkonstruktionen,
Denkmalpflege und Bauforschung,
Behutsame Wiedernutzbarmachung

[31] Ansorge, Gölz, Lentz: Fachlexikon Bautechnik und Baurecht, Fraunhofer IRB-Verlag, Bundesanzeiger Verlag, 2009

[32] Tagungsband Generalisten und Spezialisten, Hrsg. Verein Erhalten historischer Bauwerke e.V., 2009

[33] Martin Sauder, Renate Schloenbach, Hrsg. Günter Zimmermann: Schäden an Außenmauerwerk aus Naturstein, Band 11 der Reihe Schadenfreies Bauen, IRB Verlag

[34] Mauerwerksbau aktuell, Praxishandbuch 2008, Bauwerk Verlag, Hrsg. Schubert

VOB-Materialsammlung
Über 500 Normen im Volltext

Die Originaltexte aller wichtigen VOB-relevanten Regularien gebündelt in einer Sammlung, u. a.:

// VOB Teile A, B und C – komplett in der jeweils neuesten Fassung – zitierte und weitere relevante Normen
// Übersicht über rechtliche und technische Grundlagen für den Bauvertrag
// Einführungshinweise und Anwendungsfälle „Aus der Anwendungspraxis"
// Erlasse des Bundesministeriums für Verkehr, Bau und Stadtentwicklung
// Vergabehandbuch für Hochbaumaßnahmen des Bundes + CD-ROM

Loseblattwerk | Jobst Krüger, Konrad Stuhlmacher, Mark von Wietersheim
VOB-Materialsammlung
Vorbereitung und Auslegung von Bauverträgen
Grundwerk 1984 inkl. aller bisherigen Ergänzungen.
ca. 11.000 S. A5. 14 Ordner.
258,00 EUR | **ISBN 978-3-410-61014-4**

Bezug nur im Abonnement.

Mit ca. 6 Ergänzungen pro Jahr immer aktuell!

Bestellen Sie unter:
Telefon +49 30 2601-2121   Telefax +49 30 2601-1721
aboservice@beuth.de   www.beuth.de

Stichwortverzeichnis 7

A
Auflösung 45, 50, 51, 81, 93

B
Basis 128, 130, 132, 133, 139, 142, 143
Bodenerkundung 112
Brückenpfeiler 115

C
Cross-hole-Messung 60, 61, 67, 68, 119, 120, 121, 122

D
Diagnose 6, 7, 8
Down-hole-Messung 59, 60, 62, 67, 68, 122, 123, 124
Dübel 25, 26, 27, 31, 44, 52, 90, 99, 100, 109, 111, 139, 140, 142

E
Erkundungsverfahren 5, 29, 34, 35, 39, 105

F
Festigkeit 7, 16, 24, 25, 31, 32, 41, 53, 54, 58, 62, 63, 64, 65, 66, 67, 75, 88, 116, 118, 119, 120, 122, 124, 127, 136, 137, 139, 144
Feuchtegehalte 34, 41, 48, 53

G
Gewölbe 88, 90, 91, 92, 93, 94, 95, 96, 97

H
Hohlräume 6, 9, 15, 19, 20, 26, 30, 31, 32, 34, 46, 50, 54, 55, 60, 63, 72, 76, 77, 93

I
Inhomogenität 50, 64, 79, 128, 130, 134, 143
Innenfüllungen 6, 9, 10, 18, 19, 20, 21, 22, 23, 31, 41, 48, 57, 59, 63, 68, 72, 75, 76, 77, 78, 79, 84, 85, 115, 116, 119, 120, 121, 123, 124, 125

K
Kalibrierung 35, 39, 40, 47, 48, 64, 75, 97, 99, 103, 118, 129, 138, 142
Kalkstein 65, 66, 80, 99, 100, 104, 116, 122, 123, 124, 125, 126, 127, 132, 134
Kapitell 92, 127, 128, 129, 130, 133, 134, 135
Kontrolle 8, 30, 37, 49, 68, 100

M
Materialeigenschaften 6, 16, 22, 32, 53, 55, 61, 62, 75
Mauerverzahnung 19, 20, 31, 72, 75, 77, 78, 79, 91
Mauerwerksaufbau 9, 13, 71, 82
Mehrschaliges Mauerwerk 10, 11, 18, 19, 20, 21, 22, 41, 48, 59, 63, 64, 67, 72, 78, 116
Messanordnungen 46, 52, 55, 56, 57, 58, 59, 62, 67, 68, 116, 119, 123, 124, 129
Mikroseismik 5, 30, 32, 41, 53, 54, 62, 64, 67, 115
Mischmauerwerk 16, 17, 19, 97
Mörtel 6, 13, 16, 18, 19, 20, 22, 23, 24, 25, 27, 34, 40, 63, 65, 72, 75, 81, 97, 116, 118, 142, 144

N
Naturstein 9, 11, 13, 18, 29, 32, 41, 53, 64, 65, 80, 97, 111, 118, 130, 134, 140
Natursteinmauerwerk 9, 13, 15, 16

P
Prognose 8

R
Radar 5, 31, 73, 85, 108
Radargeräte 49, 50
Radargramm 44, 45, 48, 73, 74, 75, 77, 82, 84, 85, 86, 90, 94, 95, 96, 98, 100, 101, 107, 108, 109, 112
Reflexionen 43, 45, 48, 49, 68, 75, 77, 79, 82, 83, 84, 85, 90, 93, 94, 98, 100, 101, 108, 109, 110, 112, 114
Reflexionsanordnung 44, 46
Reichweite 43, 50, 51, 53, 68, 82
Ringanker 6, 26, 48, 92, 98, 100, 101
Rippen 88, 90, 91, 92, 135, 136, 137, 138
Risse 6, 30, 32, 34, 48, 53, 54, 57, 58, 88, 89, 90, 92, 115, 125, 126, 127, 128, 129, 130, 131, 132, 133, 134, 135, 136, 139, 140, 142, 143, 144

S
Salzgehalte 43, 47, 84
Sandstein 71, 80, 81, 84, 88, 97, 99, 116, 136, 137, 139, 140, 142, 143, 144
Schalenablösungen 32, 34, 48, 54, 68, 72, 79, 84
Signalanregung 54, 56, 59, 119, 122, 136, 141

Signalempfang 54, 59
Steineinbindetiefe 73, 77, 86, 87, 100
Steinklammer 6, 31, 48, 52, 97, 98, 99, 100, 101, 103, 104
Steinwerkzeuge 12

T
Tomografie 47, 61, 116, 117, 118, 119, 122, 123, 125
Tragfähigkeit 13, 22, 30, 31, 63
Transmissionsanordnung 47, 55, 57, 60, 61

U
Ultraschall 5, 30, 32, 53, 62, 63, 64, 67, 68, 88, 90, 115, 118, 128, 130, 134, 136, 139
Untersuchungsmethode 5, 29, 32, 33, 36

W
Wellengeschwindigkeit 32, 43, 46, 47, 48, 53, 55, 56, 57, 58, 60, 62, 63, 64, 65, 66, 67, 82, 97, 116, 117, 118, 119, 120, 121, 122, 123, 128, 129, 130, 131, 132, 136, 137, 138, 139, 141, 142, 143

Z
Zeitscheibe 45, 48, 75, 77, 84, 93, 112, 113, 114
Zerstörungsarm 29, 32, 33, 34, 67, 68
Zerstörungsfrei 5, 7, 29, 31, 32, 33, 34, 35, 36, 39, 40, 68, 72, 88, 99, 105, 127, 130, 134, 135, 139, 140
Ziegelmauerwerk 17, 20, 65, 118
Zustandsformen 9, 11, 22

Verzeichnis der Auftraggeber 8

Ev. Stadtkirche Bayreuth
Staatliches Bauamt Bayreuth
Wilhelminenstraße 2
95444 Bayreuth

Kloster Zarrentin
BIG – Städtebau Mecklenburg-Vorpommern GmbH
Treuhändischer Sanierungsträger der Stadt Zarrentin
Kerstingstraße 3
18273 Güstrow

Regensburger Brücke
Tiefbauamt Stadt Regensburg
Dr.-Martin-Luther-Straße 1
93047 Regensburg

Fronhofer Kirche
Förderverein „Fronhofer Kirche Wehingen e. V."
Gosheimer Straße 14
78564 Wehingen
www.fronhofer-kirche.de

Kath. Pfarrkirche Niedersonthofen
Bischöfliche Finanzkammer Augsburg
Projektmanagement
Postfach 11 03 49
86028 Augsburg

Katholische Kirchenstiftung
St. Alexander und Georg
Niedersonthofen
Sonnenstraße 8
87448 Waltenhofen – Niedersonthofen

Dom Aachen
Domkapitel Aachen
Dombauleitung
Klosterplatz 2
52062 Aachen

Schloss Neuschwanstein
Staatliches Hochbauamt Kempten
Rottacher Straße 13
87439 Kempten im Allgäu

Markttor von Milet
ARGE Pfanner
Linzgaustraße 22
88690 Uhldingen

BBR Bundesamt für Bauwesen und Raumordnung
Fasanenstr. 87
10623 Berlin

Rathausturm Kiel
Landeshauptstadt Kiel
Immobilienwirtschaft
Bauunterhaltung/Gebäudetechnik/Betriebstechnik
Andreas-Gayk-Str. 31
24103 Kiel
www.kiel.de/immobilien

Bildnachweis

GGU Gesellschaft für Geophysikalische Untersuchungen mbH
  Karlsruhe: Bilder 3.1, 3.2, 3.4, 3.9, 4.7, 4.8, 4.9, 4.18, 4.20, 4.21,
  4.22, 4.26, 4.27, 4.31, 4.32, 4.33, 4.42, 4.43, 4.44, 4.48, 4.50,
  4.51, 4.52, 4.56, 4.57, 5.4, 5.5, 5.6, 5.7, 5.8, 5.9, 5.10, 5.18, 5.19,
  5.20, 5.29, 5.30

GGU/IGP: Bilder 4.6, 4.50, 4.51

Büro Roland Burges – Günter Döring, Bayreuth: Bilder 4.26, 5, 26

Hochbauamt Kempten: Bilder 4.45, 4.46

ARGE Pfanner: Bild 4.48

Ralph Egermann, Karlsruhe: Bild 1.14

Frithjof Berger, Rastatt: Bild 1.2

Claudia Neuwald, Karlsruhe: Bild 2.7

Gabriele Grassegger, Stuttgart: Bilder 2.6, 4.15

Helmut Maintz, Dombaumeister Aachen: Bilder 4.37, 4.38

Firma M-O-L Tischler- und Bau GmbH: Bild 5.21

Staatliche Museen zu Berlin – Antikensammlung,
  Foto: Johannes Laurentius (2008): Bild 4.47

Architekturbüro J. M. Klessing Berlin: Bild 4.54

Alle anderen Bilder: Autorin

Inserentenverzeichnis

Die inserierenden Firmen und die Aussagen in Inseraten stehen nicht notwendigerweise in einem Zusammenhang mit den in diesem Buch abgedruckten Normen. Aus dem Nebeneinander von Inseraten und redaktionellem Teil kann weder auf die Normgerechtheit der beworbenen Produkte oder Verfahren geschlossen werden, noch stehen die Inserenten notwendigerweise in einem besonderen Zusammenhang mit den wiedergegebenen Normen. Die Inserenten dieses Buches müssen auch nicht Mitarbeiter eines Normenausschusses oder Mitglied des DIN sein. Inhalt und Gestaltung der Inserate liegen außerhalb der Verantwortung des DIN.

DESOI GmbH   Seite 70
36148 Kalbach/Rhön

Remmers Fachplanung GmbH   2. Umschlagseite
49624 Löningen

Zuschriften bezüglich des Anzeigenteils werden erbeten an:

Beuth Verlag GmbH
Anzeigenverwaltung
Burggrafenstraße 6
10787 Berlin

Zerstörungsfreie Untersuchung an altem Mauerwerk

– auch als E-Book erhältlich –

Sehr geehrte Kundin, sehr geehrter Kunde,

wir möchten Sie an dieser Stelle noch auf unser besonderes Kombi-Angebot hinweisen: Sie haben die Möglichkeit, diesen Titel zusätzlich als E-Book (PDF-Download) zum Preis von 20 % der gedruckten Ausgabe zu beziehen.

Ein Vorteil dieser Variante: Die integrierte Volltextsuche. Damit finden Sie in Sekundenschnelle die für Sie wichtigen Textpassagen.

Um Ihr persönliches E-Book zu erhalten, folgen Sie einfach den Hinweisen auf dieser Internet-Seite:

www.beuth.de/e-book

Ihr persönlicher, nur einmal verwendbarer E-Book-Code lautet:

17032563KA2FD47

Vielen Dank für Ihr Interesse!

Ihr Beuth Verlag

Hinweis: Der E-Book-Code wurde individuell für Sie als Erwerber des Buches erzeugt und darf nicht an Dritte weitergegeben werden.